CHEMISCHES PRAKTIKUM
FÜR ANFÄNGER

MIT BERÜCKSICHTIGUNG
DER TECHNOLOGIE VON

PROF. DR. ARTHUR BINZ

BERLIN
DRUCK UND VERLAG VON GEORG REIMER
1909

Inhalt.

Vorwort.

Ein chemisches Praktikum für Anfänger soll die wesentlichsten Reaktionen der wichtigsten anorganischen Substanzen zum Gegenstand haben. Dieser Lehrstoff kann in zweifacher Weise übermittelt werden. Entweder „man macht die Schüler lediglich mit der Art und Weise bekannt, wie rein wissenschaftliche Fragen lösbar sind"[1]), oder aber man knüpft an die Verfahren der Technik an.

Liebig hat letztere Methode grundsätzlich verworfen und nur die erstere ausgebildet, weil die angewandte Chemie seiner Zeit noch zu unentwickelt war, um didaktisch Geeignetes zu bieten. Aus seiner Schule sind Generationen der tüchtigsten Praktiker hervorgegangen, und die Folge davon war die Durchdringung der angewandten Chemie mit wissenschaftlichem Geiste. Dadurch erhielt sie jenen didaktischen Wert, der ihr zu Liebigs Zeit abging. Es besteht darum heute kein Bedenken mehr, auch solche Stoffe beim Studium heranzuziehen, die der Industrie entlehnt sind. Allerdings geschieht es im Laboratorium nur bei einzelnen, für vorgeschrittene Schüler bestimmten Versuchen und mitunter bei Doktorarbeiten. Der Anfängerunterricht ist durchweg noch nach Liebigs Prinzip organisiert, weil es durch Zeit und Erfolg gleichsam geheiligt ist.

Mit diesem traditionellen System sind nicht alle neueren Unterrichtszwecke vereinbar. An Lehranstalten, die un-

---

[1]) J. v. Liebig, Über das Studium der Naturwissenschaften und über den Zustand der Chemie in Preußen, 1840 (Reden und Abhandlungen, 1874, S. 30).

mittelbar praktische Ziele verfolgen müssen, insbesondere an Handelshochschulen, genügt es nicht, wenn lediglich solche Präparate und Reaktionen vorkommen, die theoretische Einblicke gewähren; vielmehr will der Studierende die wichtigsten Waren der Großindustrie (wie z. B. Chilesalpeter, Carnallit, Thomasmehl, Zement u. a.), die sonst nur im Kolleg gezeigt werden, als Übungsobjekte in die Hand bekommen.

Diesem Bedürfnis tragen die experimentellen Leitfäden, die an Universitäten und technischen Hochschulen eingeführt sind, nicht Rechnung, und darum wird in vorliegendem „Praktikum" der Versuch gemacht, die wissenschaftlichen Grundlagen der anorganischen Chemie mit den technologischen zu vereinigen.

Bei der Einteilung des Stoffes wurde dem speziellen Zweck entsprechend von den verschiedenen wissenschaftlich bewährten Gesichtspunkten derjenige gewählt, der zugleich industrielle Verhältnisse zu erkennen gestattet: Der erste Abschnitt handelt von den Leichtmetallen, Basen, Salzen und Säuren; der zweite von den hüttenmännisch wichtigsten Schwermetallen.

Das Experimentelle ist so einfach gehalten, daß Anfänger es ausführen können. Die Apparate sind nur insoweit beschrieben, als sie vom Studierenden zusammengestellt werden müssen. Dagegen wurde auf eine Erläuterung derjenigen Utensilien verzichtet, deren Gebrauch vom Leiter des Unterrichts mühelos gezeigt werden kann. Die Übungen sind als Vorbereitung zum Studium der qualitativen Analyse gedacht. Um den Stoff nicht allzu sehr zu häufen, wurde eine Reihe von Reaktionen weggelassen, die man sonst schon im Anfängerkursus zu bringen pflegt, die sich aber ebenso gut bei der Analyse lernen lassen, z. B. die Bildung von pyrantimonsaurem Natrium, von Platinsalmiak, und ähnliches.

Die den „Versuchen" hinzugefügten theoretischen Erklärungen sind in ihrer Kürze selbstverständlich nicht erschöpfend und sollen lediglich auf das Wichtigste hinweisen.

Zwecks eingehenderen Studiums ist eine Anzahl neuerer Lehrbücher genannt. —

Bei der Ausarbeitung eines Teiles der Versuche wurde ich von Herrn stud. rer. merc. Carlos Huber auf das dankenswerteste unterstützt.

A. Binz.

Berlin, Ostern 1909,
chemisches Institut der Handelshochschule.

Literatur zur Einführung in die anorganische Chemie

(mit alphabetischer Reihenfolge der Autoren).

1. Allgemeine Chemie: H. Erdmann, Lehrbuch der anorganischen Chemie, 1906. — H. Hirzel, Katechismus der Chemie, 1901. — Hollemann, Lehrbuch der anorganischen Chemie, 1906. — S. M. Jörgensen, Grundbegriffe der Chemie, 1903. — H. Klinger, Richters Lehrbuch der anorganischen Chemie, 1906. — L. Meyer-E. Rimbach, Grundzüge der theoretischen Chemie, 1907. — W. Nernst, Theoretische Chemie, 1907. — W. Ostwald, Grundlinien der anorganischen Chemie, 1904. — W. Ostwald, Die Schule der Chemie, 1904.

2. Technische Chemie: H. Blücher, Auskunftsbuch für die chemische Industrie, 1908/1909. — F. Fischer, Handbuch der chemischen Technologie, 1900. — H. Grossmann, Die Bedeutung der chemischen Technik für das deutsche Wirtschaftsleben, 1907. — F. Heusler, Chemische Technologie, 1905. — P. Kersting und M. Horn, Katechismus der chemischen Technologie, 1902. — W. Kockerscheidt, Über die Preisbewegung chemischer Produkte, 1905. — H. Ost, Lehrbuch der chemischen Technologie, 1907. — G. Schultz, Kurzes Lehrbuch der chemischen Technologie, 1903. — H. Schultze, Die Entwicklung der chemischen Industrie in Deutschland seit dem Jahre 1875, 1908. — H. Wichelhaus, Vorlesungen über chemische Technologie, 1906. — O. N. Witt, Die chemische Industrie des Deutschen Reiches im Beginne des zwanzigsten Jahrhunderts, 1902. —

Eine Zusammenstellung der wichtigsten technologischen Spezialliteratur siehe in dem Lehrbuch von Ost. Einige neuere Werke sind in den Anmerkungen dieses „Praktikums“ zitiert.

I. Die Leichtmetalle und ihre Salze. Basen und Säuren.

1. Natrium.

Versuch 1. Ein Glaskolben von etwa 500 ccm Inhalt wird mit 30 g Chlornatrium (Kochsalz) beschickt. Man schließe das Gefäß mit einem doppelt durchbohrten Kautschukstopfen. Durch die eine Öffnung führt

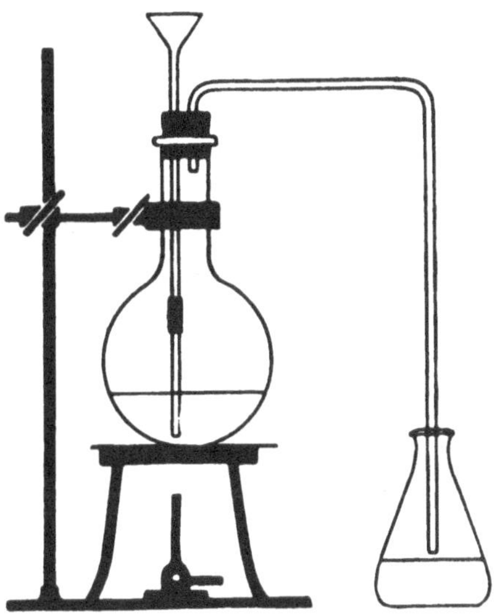

Fig. 1.

ein Trichter, der bis nahe an den Boden reicht oder durch Anfügen eines Glasrohres mittelst eines kurzen Stückes Gummischlauch entsprechend verlängert wird (Fig. 1). In der anderen Öffnung steckt ein im „Schmetterlingsbrenner“ gebogenes Rohr, welches in einem Kolben mit 100 ccm Wasser mündet, ohne einzutauchen.

Hier wie bei allen folgenden Versuchen wird destilliertes Wasser angewandt, weil die Mineralsubstanz des gewöhnlichen Wassers die Versuchsergebnisse beeinträchtigt.

Man gieße 30 ccm konz. Schwefelsäure zu 16 ccm Wasser (nicht umgekehrt, da in diesem Falle Spritzen eintritt), lasse die Mischung durch den Trichter auf das Salz fließen und erwärme auf einem „Drahtnetz" mit darunter gestelltem „Bunsenbrenner", wobei der Apparat zweckmäßig in den „Abzug" gestellt wird. Es entweicht ein Gas, Chlorwasserstoff; im Kolben bildet sich Natriumsulfat:

$$2\,NaCl + SO_4H_2 = SO_4Na_2 + 2\,HCl$$

Chlornatrium	Schwefelsäure	Natriumsulfat	Chlorwasserstoff

Das Gas würde die Atmungsorgane angreifen, wenn es in den Raum entwiche. Da es aber eine starke Verwandtschaft zu dem vorgelegten Wasser hat, so wird es von diesem absorbiert, was deutlich an den entstehenden „Schlieren" zu beobachten ist. Die Verwandtschaft zum Wasser ist so groß, daß letzteres aufgesaugt werden würde, wenn das Glasrohr in die Flüssigkeit tauchte, was man darum vermeidet.

Natriumsulfat[1]) dient hauptsächlich zur Fabrikation von Soda[2]) und von Glas. In ersterem Falle verschmilzt man es mit Kalkstein und Kohle, in letzterem mit Kalkstein, Kohle und Sand.

Chlorwasserstoff in wäßriger Lösung wird Salzsäure genannt.

Versuch 2. Die bei Versuch 1 erhaltene Salzsäure wird in einen Glaszylinder gefüllt und mit dem Aräometer auf ihren Gehalt geprüft.

Das Aräometer zeigt das spezifische Gewicht (Volumgewicht) von Flüssigkeiten an. Bei einer großen Reihe von Lösungen hat man analytisch den Prozentgehalt an gelöster Substanz

---

[1]) Th. Meyer, Fabrikation von Sulfat und Salzsäure, 1907.

[2]) Es empfiehlt sich, die Soda und ihre Eigenschaften einem späteren Kapitel vorzubehalten, da die betreffenden Reaktionen zu den komplizierteren gehören.

ermittelt, der dem jeweiligen Volumgewicht entspricht. Die betreffenden Daten sind tabellarisch geordnet (s. am Schluß des Buchs) und werden bei aräometrischen Messungen eingesehen.

Die Richtigkeit aräometrischer Gehaltsbestimmungen knüpft sich an die Voraussetzung, daß neben dem Lösungsmittel nur eine einzige Substanz in der Lösung vorhanden ist.

Beim wissenschaftlichen Arbeiten benutzt man Aräometer, die das spezifische Gewicht bezogen auf Wasser angeben und nach Dezimalstellen eingeteilt sind. In Fabriken werden ganzzahlig geaichte Aräometer benutzt, und zwar auf dem Kontinent die von Baumé (Bé.), in England die von Twaddle (Tw.).

Versuch 3. Man tauche einen Glasstab in Salzsäure und benetze damit blaues Lackmuspapier. Dasselbe färbt sich rot, eine Reaktion, die allen Säuren gemein ist.

Das mit Lackmus gefärbte Papier ist meist durch die Säuredämpfe des Laboratoriums rot gefärbt, auch wenn es ursprünglich blau war. Die blaue Farbe wird, wenn nötig, für Versuch 3 wieder hergestellt, indem man das Papier anfeuchtet und in die Mündung eines mit Ammoniaklösung gefüllten Gefäßes hält.

Der Lackmusfarbstoff wird durch Fermentation von Orseilleflechten gewonnen.

Versuch 4. Zum Nachweis des Wasserstoffs im Chlorwasserstoff übergieße man einige Stücke Zink in einem Reagenzglas mit konzentrierter Salzsäure. Es entweicht ein Gas, das sich entzünden läßt und dadurch als Wasserstoff erkannt wird.

$$\underset{\text{Zink}}{Zn} + 2\,HCl = \underset{\text{Chlorzink}}{ZnCl_2} + \underset{\text{Wasserstoff}}{2\,H}$$

$$2\,H + \underset{\text{Sauerstoff}}{O} = \underset{\text{Wasser.}}{H_2O}$$

Die erste dieser Gleichungen enthält eine wesentliche Charakteristik aller Säuren: Es sind wasserstoffhaltige Verbindungen, deren Wasserstoff sich durch Metall ersetzen läßt. Die so entstehenden Produkte nennt man Salze.

Die zweite Gleichung zeigt die Synthese des Wassers, welches bei Versuch 4 in Form von Dampf entweicht.

Wasserstoff ist 14,3 mal leichter als Luft und eignet sich darum zum Füllen von Luftballons. Zu dem gleichen Zwecke kann man Leuchtgas benutzen, welches etwa

48 Proz. Wasserstoff
32 „ Methan (CH_4)
8 „ Kohlenoxyd (CO)

enthält. — Ein Gemisch von Wasserstoff und Sauerstoff explodiert beim Entzünden und wird darum Knallgas genannt.

Versuch 5. Zum Nachweis des Chlors im Chlorwasserstoff erhitze man unter dem Abzug 20 g grob gepulverten Braunstein (Mangansuperoxyd) in dem bei Versuch 1 gebrauchten (vorher gereinigten) Apparat mit 200 ccm konzentrierter Salzsäure. Den längeren Schenkel des zweimal rechtwinklig gebogenen Rohres lasse man nicht, wie bei Versuch 1, über dem Wasserspiegel enden, sondern in 200 ccm Wasser eintauchen. Es entweicht ein gelbes, die Lunge angreifendes Gas, das wegen seiner Farbe nach einem griechischen Wort Chlor genannt wird und sich in Wasser zu „Chlorwasser" löst.

Nach der Methode von Versuch 5:

$$\underset{\text{Mangan-Superoxyd}}{MnO_2} + 2\,HCl = \underset{\text{Mangan-oxydul}}{MnO} + H_2O + \underset{\text{Chlor}}{2\,Cl}$$

wurde von 1799 bis 1871 Chlor fabriziert. In letzterem Jahr gelang die technische Oxydation von Salzsäure mit Luftsauerstoff. Dazu kam später die Chlordarstellung durch Elektrolyse von Chlornatrium und Chlorkalium.

Chlor dient zur Fabrikation von Chlorkalk, zur Gewinnung von Brom und als Hilfsmaterial in der Industrie organischer Stoffe (Chloressigsäure für die Indigosynthese, Chloroform, Chloralhydrat u. a.).

Versuch 6. Eine der wesentlichsten Eigenschaften des Chlors, seine bleichende Wirkung, zeigt sich, wenn man ein Stück gefärbten Kattun (Baumwollgewebe) im Reagenzglas mit dem Chlorwasser von Versuch 5 erwärmt. Besonders geeignet sind Ausfärbungen von Indigo oder von Alizarinrot. Hat man solche nicht zur Verfügung, so nehme man einige

Kubikzentimeter einer Lösung von Indigosulfosäure, bereitet durch einhalbstündiges Erwärmen von 1 g Indigo mit 30 ccm konz. Schwefelsäure auf dem Wasserbad und Eingießen in ein Liter Wasser.

Versuch 7. Eine Messerspitze Chlorkalk (Bleichkalk) wird in einem Reagenzrohr mit einigen Kubikzentimeter Wasser übergossen. Dazu bringt man wiederum den zu bleichenden Farbstoff und einige Tropfen einer Säure. Die Wirkung ist dieselbe wie bei Versuch 6.

Bleichkalk, CaCl (OCl), wird durch Überleiten von Chlor über gelöschten Kalk erhalten. Sein Chlorgehalt beträgt bis zu 43 %, während Chlorwasser nur etwa 0,8 % enthält. Daher ist Chlorkalk die Handelware. Durch Zusatz von Säure wird der Kalk gebunden und das Chlor in Freiheit gesetzt. Chlorkalk dient in großem Maßstabe zum Bleichen von Kattun.

Versuch 8. Eine Lösung von Bromkalium oder Bromnatrium in Wasser wird mit Chlorwasser versetzt. Es scheidet sich das braune Brom aus.

$$\underset{\text{Bromnatrium}}{NaBr} + Cl = NaCl + \underset{\text{Brom}}{Br}$$

Brom findet sich in Form seiner Salze im Meere, in Solen und in den Staßfurter Salzen. Es bleibt bei der Verarbeitung der letzteren in den Abwässern, wird unter Einleiten von Chlor herausdestilliert und bei der Bereitung gewisser Heilmittel (Bromkalium, Bromoform) und Teerfarbstoffe (Eosine) gebraucht.

Versuch 9. Eine Lösung von Jodkalium oder Jodnatrium wird mit Chlorwasser versetzt. Ausscheidung von violettem Jod.

$$\underset{\text{Jodnatrium}}{NaJ} + Cl = NaCl + \underset{\text{Jod}}{J}$$

Jod findet sich wie das Brom in Salzform im Meere und wird teils durch Veraschung von Strandpflanzen, teils aus den Ablaugen gewonnen, die beim Auskristallisieren des Chilesalpeters zurückbleiben. Die Verwendung gilt ähnlichen Zwecken wie die des Broms (Jodkalium, Jodoform, Eosine).

Versuch 10. Zerlegung des Chlornatriums durch Elektrolyse. Etwa 1 g Kochsalz wird in 10 ccm Wasser gelöst. Man befeuchte mit der Lösung ein kleines Stück Fließpapier und zwei auf letzterem befindliche Stückchen roten Lackmuspapieres. Die Lackmusstreifen werden mit den Enden zweier Drähte berührt, die mit den Polen eines geladenen tragbaren Doppelakkumulators verbunden sind. Alsbald färbt sich das eine Lackmuspapier blau, was auf der Bildung von *Natriumhydroxyd (Ätznatron)* beruht.

Die elektrochemischen Vorgänge lassen sich am besten durch die Annahme erklären, daß positive und negative Elektrizität aus besonderen Atomen besteht, die man *Elektronen* nennt und mit den Symbolen $\ominus$ (negatives Elektron) und $\oplus$ (positives Elektron) bezeichnen kann. Die positiven Elektronen haben Verwandtschaft zu den Atomen der Metalle, die negativen zu denen der Nichtmetalle. Das macht sich bei der Auflösung von Säuren, Basen und Salzen in Wasser geltend, welches vor anderen Lösungsmitteln eine wunderbare Ausnahmestellung einnimmt, indem es die Erscheinung verursacht, die man *elektrolytische Dissoziation* nennt. Man versteht darunter eine Spaltung der Moleküle (bei Versuch 10 des Chlornatriums) in die Atome unter gleichzeitiger Vereinigung der letzteren mit Elektronen, die, wie man sich vorstellen kann, als „Neutronen" im Wasser vorhanden sind:

$$\mathrm{NaCl} + \underset{\text{Neutron}}{\oplus\ominus} = \underset{\text{Natrium-jon}}{\mathrm{Na}\oplus} + \underset{\text{Chlor-jon}}{\mathrm{Cl}\ominus}$$

Die so entstandenen neuen Moleküle nennt man *Jonen* (griechisch die Gehenden), weil die einen zur *positiven Elektrode (Anode)*, die anderen zur *negativen (Kathode)* wandern:

$$\mathrm{Na}\oplus + \underset{\substack{\text{Elektron}\\ \text{auf der}\\ \text{Kathode}}}{\ominus} = \oplus\ominus + \mathrm{Na}$$

$$\mathrm{Cl}\ominus + \underset{\substack{\text{Elektron}\\ \text{auf der}\\ \text{Anode}}}{\oplus} = \oplus\ominus + \mathrm{Cl}$$

Die treibende Kraft wäre demnach die Verwandtschaft der in den Jonen vorhandenen Elektronen zu den entgegengesetzt geladenen auf den Elektroden.

Nach einer kürzeren Schreibweise bezeichnet man die positiven Elektronen mit Punkten, die negativen mit Strichen und läßt die Neutronen weg. Danach ist die Gleichung für die elektrolytische Dissoziation des Chlornatriums:

$$NaCl = \underset{\text{Natriumjon}}{Na^{\cdot}} + \underset{\text{Chlorjon}}{Cl'}$$

Diese Auffassung[1]) hat Wert als vortreffliches Mittel zur Veranschaulichung elektrolytischer Vorgänge und ist insofern experimentell begründet, als die Existenz negativer Elektronen physikalisch festgestellt ist. Ihre Größe beträgt etwa $^1/_{1800}$ des Wasserstoffatoms. Dagegen hat man positive Jonen bisher nicht aufgefunden.

Eine andere Anschauung[2]) sieht von den Elektronen ab und erklärt die Eigentümlichkeit der Jonen daraus, daß sie einen anderen „Energiegehalt" haben als die elektrisch neutralen Atome, ähnlich wie roter und gelber Phosphor, Sauerstoff und Ozon durch die Verschiedenheit der Energie charakterisiert sind, die sie bei ihren Reaktionen äußern. —

Das Chlor entzieht sich bei Versuch 10 der Beobachtung, da die entstehende Menge zu gering ist, um in erkennbarer Weise auf Lackmus zu wirken. Auch das Natrium wird nicht als solches sichtbar, indem es sofort mit Wasser Natriumhydroxyd bildet:

$$Na + H_2O = \underset{\text{Natriumhydroxyd}}{NaOH} + \underset{\text{Wasserstoff}}{H}$$

Die so entstandene Natronlauge ruft selbst in sehr geringer Menge auf Lackmus Blaufärbung hervor. Hierbei dissoziiert das Natriumhydroxyd:

$$NaOH = \underset{\text{Natriumjon}}{Na^{\cdot}} + \underset{\text{Hydroxyljon}}{OH'}$$

Die Natriumjonen sind an der Blaufärbung des Lackmus nicht beteiligt. Es ist dies vielmehr lediglich eine Wirkung der „Hydroxyljonen". In derselben Weise äußern sich alle „Metallhydroxyde" („Basen"), soweit sie in Wasser elektrolytisch dissoziieren. Beispiele sind Kaliumhydroxyd, KOH, Calciumhydroxyd, $Ca(OH)_2$, Ammoniumhydroxyd, NH_4OH.

---

[1]) Nernst, Theoretische Chemie, 1907, S. 391.

[2]) Ostwald, Grundlinien d. anorg. Chemie 1904, S. 200. — L. Meyer-E. Rimbach, Theoretische Chemie, 1907, S. 267.

Versuch 11. Daß wirklich bei Versuch 10 intermediär Natrium entsteht, zeigt sich, wenn man Natrium in ein Becherglas mit Wasser wirft. Das Metall verschwindet unter stürmischer Entwicklung von Wasserstoff. Die Lösung bläut Lackmus, enthält also die Hydroxyljonen des Natriumhydroxydes.

Man wähle zu dem Versuch ein höchstens erbsengroßes Stück Natrium. Bei größeren Stücken kann die Wasserstoffentwicklung explosionsartig verlaufen.

Bei diesem Versuch schwimmt das schmelzende Natrium auf Wasser. Es gehört in die Gruppe der „Leichtmetalle". Dahin rechnet man diejenigen Metalle, deren spezifisches Gewicht nicht mehr als 4 beträgt. Ihr gemeinschaftliches Kennzeichen ist die stark entwickelte Affinität zu anderen Elementen, insbesondere zum Sauerstoff, woraus folgt, daß es schwer ist, sie aus ihren Verbindungen zu isolieren. Diese Metalle werden darum technisch überhaupt nicht oder nicht in größeren Mengen dargestellt (Kalium, Baryum, Strontium, Calcium) oder aber nur mit Hilfe besonders wirkungsvoller, erst in neuerer Zeit entwickelter Methoden, insbesondere durch Elektrolyse der feuerflüssigen Verbindungen (Natrium, Magnesium, Aluminium).

Im Gegensatz dazu lassen sich die „Schwermetalle", deren spez. Gewicht über 4 liegt, relativ leicht von anderen Elementen trennen. Es genügt dazu die alte metallurgische Operation des Glühens der Erze mit Kohle. —

Natrium gewinnt man durch Elektrolyse von geschmolzenem Natriumhydroxyd. Es dient hauptsächlich als Hilfsmaterial in der Cyanidindustrie. Außerdem wird es nach erfolgter Überführung in Natriumamid, $NaNH_2$, bei der Indigosynthese gebraucht. Ferner gewinnt man durch Verbrennen von Natrium Natriumsuperoxyd.

Versuch 12. 3 g Borsäure, BO_3H_3, werden in 75 ccm kaltem Wasser gelöst und mit 1 g Natriumsuperoxyd, Na_2O_2, versetzt. Erwärmt man einige ccm der erkalteten Lösung mit etwa ½ ccm einer 0,1-prozentigen Lösung von Kristallviolett, so verschwindet die Farbe.

Man hüte sich, Natriumsuperoxyd mit Papier oder anderen brennbaren Substanzen in Berührung zu bringen.

Natriumsuperoxyd zerfällt in Wasser nach folgenden Gleichungen:

$$\underset{\text{Natrium-superoxyd}}{Na_2O_2} + H_2O = \underset{\text{Wasserstoff-superoxyd}}{H_2O_2} + \underset{\text{Natrium-oxyd}}{Na_2O}$$

$$Na_2O + H_2O = \underset{\text{Natriumhydroxyd}}{2\,NaOH}$$

Es entsteht also Wasserstoffsuperoxyd. Letzteres gibt „naszierenden" Sauerstoff ab:

$$H_2O_2 = H_2O + \underset{\text{Sauerstoff}}{O}$$

d. h. solchen, der im Entstehungszustande ist und darum seine Affinitäten noch nicht durch Bildung von Sauerstoffmolekülen O_2 abgesättigt hat.

Naszierender Sauerstoff ist besonders aktiv. Aus diesem Grund eignet sich Natriumsuperoxyd vortrefflich zum Bleichen von Wolle, Haaren, Federn usw. Da aber derartige Stoffe von der gleichzeitig sich bildenden Natronlauge angegriffen werden, so muß man diese durch eine Säure „neutralisieren":

$$\underset{\text{Borsäure}}{B\begin{cases}OH\\OH\\OH\end{cases}} + NaOH = \underset{\text{Mononatriumborat}}{B\begin{cases}ONa\\OH\\OH\end{cases}} + H_2O.$$

Mononatriumborat ist nicht beständig, sondern zerfällt in Wasser und Natriummetaborat:

$$B\begin{cases}ONa\\OH\\OH\end{cases} = \underset{\text{Natrium-metaborat}}{B\begin{cases}ONa\\O\end{cases}} + H_2O.$$

Außerdem entsteht Natriumperborat, $BO_3Na.4\,H_2O$:

$$B(OH)_3 + Na_2O_2 = BO_3Na + NaOH + H_2O.$$

Borsäure gewinnt man in Larderello (Toskana) aus vulkanischen Ausströmungen und ferner durch Zerlegung eines Staßfurter Minerals, Borazit, in dem die Borsäure an Magnesium gebunden ist.

Borsäure dient als mildes Antiseptikum, zum Steifen der Dochte von Kerzen und zur Herstellung von Glasuren. In neuerer Zeit kommt ein Bleichmittel in den Handel, dessen Zusammensetzung der Mischung von Versuch 12 analog ist. —

Versuch 13. Verwendungen von Natriumhydroxyd. Ein etwa ½ cm langes Stück einer Natriumhydroxydstange wird in einem Reagenzrohr mit wenigen Tropfen Wasser befeuchtet und mit einer Messerspitze anthrachinonsulfosaurem Natrium bis zum Schmelzen des Gemisches erhitzt, wobei die tiefrote Farbe der Natriumverbindung des Alizarins bemerkbar wird.

Versuch 14. In gleicher Weise befeuchtetes Ätznatron wird mit einigen ccm eines Pflanzenöles (Rüböl, Olivenöl usw.) erhitzt. Es tritt das charakteristische Schäumen der Seife auf.

Diese Versuche, deren theoretische Erklärung in die Chemie kohlenstoffhaltiger Stoffe (organische Chemie) gehört, veranschaulichen die industrielle Bedeutung des Natriumhydroxydes. Man braucht dasselbe noch zu mehrfachen anderen technisch wichtigen Operationen, insbesondere zum Bleichen und Mercerisieren von Baumwolle. Unter letzterem Verfahren, das von seinem Entdecker den Namen erhalten hat, versteht man das Aufquellen der Baumwollfasern durch konzentrierte Natronlauge. Wird das Garn oder das Gewebe dabei stark gespannt, so nimmt es einen seidenähnlichen Glanz an.

Natriumhydroxyd wird zum Teil durch Erwärmen von Sodalösung mit Kalk, zum Teil durch Elektrolyse von Chlornatrium gewonnen; das Prinzip der letzteren Methode bildete den Gegenstand von Versuch 10.

Versuch 15. Bei Versuch 10 waren die Chlorjonen des Chlornatriums nicht in Erscheinung getreten. Man weist sie nach, indem man eine Lösung von Chlornatrium mit einer Lösung von Silbernitrat versetzt. Es entsteht weißes Chlorsilber, das am Licht grau-violett wird:

$$\underset{}{NaCl} + \underset{\text{Silbernitrat}}{NO_3Ag} = \underset{\text{Chlorsilber}}{AgCl} + \underset{\text{Natriumnitrat}}{NO_3Na}$$

Wenn man an Stelle von Chlornatrium Bromnatrium und Jodnatrium nimmt, erhält man schwachgelbes Bromsilber und stärker gelbes Jodsilber:

$$NaBr + NO_3Ag = AgBr + NO_3Na$$
$$NaJ + NO_3Ag = AgJ + NO_3Na$$

Dieselben Niederschläge entstehen, wenn Chlor, Brom und Jod nicht an Natrium, sondern an Kalium oder an Wasserstoff oder an manche andere Elemente gebunden sind, wie z. B. aus folgendem Versuch ersichtlich:

Versuch 16. Salzsäure wird mit Silbernitrat versetzt. Es fällt Chlorsilber aus:

$$HCl + NO_3Ag = AgCl + NO_3H$$

Es reagieren also Chlorjonen und Silberjonen miteinander, gleichgültig, ob Chlornatrium oder Chlorwasserstoff in der Lösung ist. Dagegen beteiligen sich die Natrium- und die Wasserstoffjonen nicht an den Reaktionen. Die Gleichungen von 15 und 16 lassen sich daher auf die gemeinsame Form

$$Cl' + Ag^{\cdot} = AgCl$$

bringen.

Versuch 17. Blaues und rotes Lackmuspapier werden mit Chlornatriumlösung befeuchtet. Die Farben bleiben unverändert.

Dieser Versuch zeigt, daß Chlornatrium *neutral* reagiert, und gestattet einen wichtigen Rückschluß auf die Natur der Salzsäure, HCl. Da letztere ebenso wie Chlornatrium, NaCl, Chlorjonen in Lösung sendet, diese aber, wie am Chlornatrium ersichtlich, Lackmus nicht röten, so kann die Wirkung der Säure auf Lackmus nur ihren Wasserstoffjonen zukommen. Das trifft auch für andere Säuren zu. Infolgedessen gilt ganz allgemein:

Säuren sind durch Wasserstoffjonen charakterisiert. (Zweite Definition der Säuren, die erste siehe bei Versuch 4.)

Versuch 18. 10 ccm einer konzentrierten Natronlauge, enthaltend ungefähr 4 g Ätznatron, werden mit 10 ccm konzentrierter Salzsäure (spez. Gew. 1,19) gemischt. Ausscheidung eines Teiles des entstehenden Chlornatriums:

$$NaOH + HCl = NaCl + H_2O.$$

Der Versuch zeigt:

Ein Salz entsteht dadurch, daß sich Säure und Base unter Austritt von Wasser neutralisieren. (Zweite Definition der Salze, die erste siehe bei Versuch 4.)

Das Wesen der Neutralisation erblickt man in der Vereinigung von Wasserstoff- und Hydroxyljonen:

$$OH' + H^{\cdot} = H_2O,$$

tatsächlich spielen also bei der Gleichung von Versuch 18 die Natrium- und die Chlorjonen keine Rolle. Daß sie sich teilweise als kirstallisiertes Chlornatrium ausscheiden, ist erst die Folge jenes zuletzt formulierten Vorganges.

Versuch 19. Ein wenig Chlornatrium wird durch eine horizontal gehaltene Bunsenflamme gestreut. Die Flamme färbt sich gelb.

Derartige Flammenfärbungen stellt man eleganter obzwar kostspieliger an, indem man die zu untersuchende Substanz auf dem Ende eines Platindrahtes glüht, das zu einer Öse umgebogen ist. Das andere Ende schmilzt man in ein Glasrohr ein, der als Halter dient.

Versuch 20. Wiederholung von Versuch 19 mit Chilesalpeter (Natriumnitrat, salpetersaures Natrium, NO_3Na).

Die gelbe Flammenfärbung ist das charakteristischste Kennzeichen aller Natriumverbindungen. —

Nächst dem Chlornatrium ist der Chilesalpeter das wichtigste Natriumsalz. Es dient wegen seines Stickstoffgehaltes als Düngemittel. Mit Schwefelsäure erwärmt, gibt es Salpetersäure:

Versuch 21. In einer Retorte (Fig. 2), die wegen der zerstörenden Wirkung der Salpetersäure nicht mit einem Stopfen aus Kork oder Kautschuk, sondern einem solchen aus Glas verschließbar ist, werden 34 g Chilesalpeter mit 22 ccm konz. Schwefelsäure verrührt. Bei gelindem Erhitzen destilliert Salpetersäure über, die sich beim Einstellen der Vorlage in Wasser an den Wandungen kondensiert.

$$\underset{\text{Natrium-nitrat}}{NO_3Na} + \underset{\text{Schwefel-säure}}{SO_4H_2} = \underset{\text{saures Na-triumsulfat}}{SO_4HNa} + \underset{\text{Salpeter-säure}}{NO_3H}$$

Das „saure" Natriumsulfat enthält noch eines der beiden sauren Wasserstoffatome der Schwefelsäure. Erst bei stärkerem Erhitzen entsteht das neutrale Salz:

$$SO_4HNa + NO_3Na = \underset{\text{neutrales Natriumsulfat}}{SO_4Na_2} + NO_3H,$$

wobei die Salpetersäure zum Teil zerfällt:

$$2\,NO_3H = 2\,\underset{\text{Stickstoffdioxyd}}{NO_2} + \underset{\text{Sauerstoff}}{O} + H_2O$$

oder

$$\begin{array}{l} NOO\,O\,H \\ NOO\,O\,H \end{array}$$

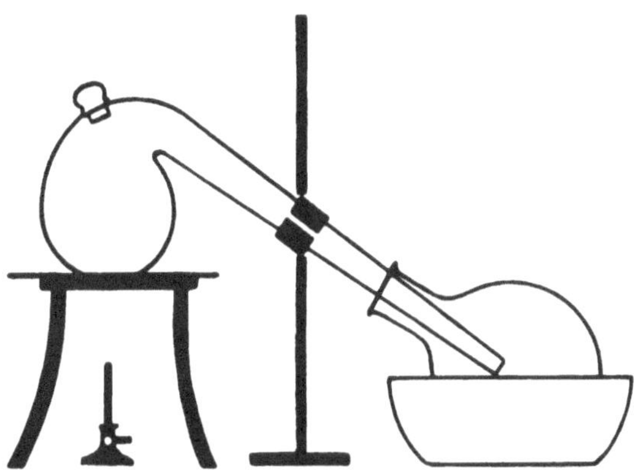

Fig. 2.

Das braune Stickstoffdioxyd löst sich in der unzersetzt gebliebenen Säure auf, die dann „rote, rauchende Salpetersäure" genannt wird.

Infolge der Möglichkeit der Sauerstoffabgabe ist Salpetersäure ein „Oxydationsmittel", wie an folgenden zwei Reaktionen erkannt wird:

Versuch 22. Indigosulfosäure (vgl. Versuch 6) oder mit Indigo gefärbter Kattun werden mit konz. Salpetersäure zusammengebracht. Der Sauerstoff der Säure zerstört die blaue Farbe.

Versuch 23. In einigen Kubikzentimetern konz. Schwefelsäure löse man ein Körnchen Diphenylamin, $(C_6H_5)_2NH$, ein Produkt der Steinkohlenteerindustrie, und füge dazu wenige Tropfen verdünnter Salpetersäure. Starke Blaufärbung, die auf Oxydation beruht.

Versuch 24. Eine Messerspitze (etwa 0,2 g) paraphenolsulfosaures Natrium[1]) wird mit etwa ½ ccm der bei Versuch 21 erhaltenen Salpetersäure erwärmt. Gelbfärbung. Etwas Natronlauge scheidet pikrinsaures Natrium aus.

p-phenolsulfosaures Natrium wird aus Phenol (Karbolsäure) und Schwefelsäure dargestellt und besteht aus einem Atomkomplex C_6H_4, an welchem die Gruppen OH und SO_3Na gebunden sind. Durch Einwirkung der Salpetersäure entsteht Pikrinsäure:

$$C_6H_4{<}^{OH}_{SO_3Na} + 3NO_2 \cdot OH = C_6H_2 \begin{cases} OH \\ NO_2 \\ NO_2 \\ NO_2 \end{cases}$$

p-phenolsulfosaures Natrium — Salpetersäure — Pikrinsäure

$$+ SO_4NaH + 2H_2O$$

Die Salpetersäure wirkt hier durch ihre „Nitrogruppe", NO_2. Pikrinsäure dient zum Füllen von Granaten. In analoger Weise führt Salpetersäure Glyzerin in Nitroglyzerin und Cellulose in Nitrocellulose (Schießbaumwolle) über. Eine gewisse Art Nitrocellulose dient zu Fabrikation künstlicher Seide.

Versuch 25. Reduktion des Natriumnitrates zu Natriumnitrit. In einem kleinen, auf einem Tondreieck erhitzten Porzellantiegel verrühre man etwa eine Minute lang 2 g kleingeschnittenes Blei mit 1 g schmelzendem Chilesalpeter. Es entstehen Natriumnitrit, ein fast farbloses Salz, und gelbes Bleioxyd:

---

[1]) Von der chem. Fabrik Kahlbaum (Berlin) bezogen.

$$NO_3Na + Pb = NO_2Na + PbO$$

Natrium-nitrat, Blei, Natrium-nitrit, Blei-oxyd

Eine derartige Reaktion nennt man eine Reduktion derjenigen Substanz, welcher der Sauerstoff entzogen wird, und eine Oxydation derjenigen, auf die der Sauerstoff einwirkt.

Man lauge die Schmelze mit einigen Kubikzentimetern heißem Wasser aus, wobei das Nitrit sich löst, filtriere und verteile das Filtrat auf zwei Reagenzgläser.

In das eine Reagenzglas gieße man unter dem Abzug etwas konz. Schwefelsäure. Es entsteht ein Gasgemisch, das man sich einzuatmen hüte, da es Kopfweh verursacht. Die Reaktion verläuft in zwei Phasen:

$$NO_2Na + SO_4H_2 = NO_2H + SO_4NaH$$

salpetrige Säure (NO_2H)

$$2\,NO_2H = NO + NO_2$$

Stick-oxyd (NO), Stick-stoff-dioxyd (NO_2)

oder:

$$\begin{array}{l} NOO\vdots H \\ \hline NO\vdots OH \end{array}$$

Die aus dem Natriumnitrit durch Schwefelsäure freigemachte salpetrige Säure ist also im Gegensatz zur Salpetersäure, die sich unzersetzt destillieren läßt, nicht beständig; das eine Zerfallsprodukt, das Stickoxyd, ist ein farbloses Gas, das andere, Stickstoffdioxyd, ist ein braunes Gas.

Versuch 26[1]). Man löse 0,5 g sulfanilsaures Natrium in 150 ccm 50-prozentiger Essigsäure (siehe die Tabelle zur Gehaltbestimmung am Schluß dieses Buches), ferner erhitze man 0,1 g α-Naphtylamin in 20 ccm Wasser, füge 150 ccm 50-prozentiger Eissigsäure hinzu und vereine diese Lösung mit der

[1]) Vergl. Heumann-Kühling, Experimentalchemie, 1904, S. 266.

der Sulfanilsäure. Sollte sich das Gemisch röten, so entfärbe man es mit ein wenig Zinkstaub. Zu der nunmehr farblosen Lösung werden einige Tropfen Nitrit aus dem zweiten Reagenzrohr (Versuch 25) gefügt. Intensive Rotfärbung.

Diese Reaktion, deren Erklärung in die organische Chemie gehört, veranschaulicht die Wichtigkeit des Natriumnitrits zur Darstellung der „Azofarbstoffe", deren es eine grosse Reihe gibt und die alle durch Einwirkung von Nitrit auf verschiedene Derivate des Steinkohlenteers gewonnen werden.

Die letzten Versuche lassen die Bedeutung des Chilesalpeters für die Sprengstoff- und Farbstoffindustrie erkennen. Sie beruht auf der vielseitigen Anwendbarkeit der Salpetersäure. Daher die Bemühungen, das Salpetermonopol zu brechen und Salpetersäure aus Luft herzustellen[1]. —

Bei der Darstellung von Natriumsulfat und Salzsäure (Versuch 1), sowie von Salpetersäure (Versuch 21) wurde Schwefelsäure gebraucht. Dieses auch für andere technische Zwecke höchst wichtige Material entsteht durch Oxydation von Schwefeldioxyd.

Versuch 27. Verbrennung von Schwefel zu Schwefeldioxyd. Eine Messerspitze voll Schwefel wird auf dem Deckel eines Porzellantiegels erhitzt. Zuerst schmilzt die Masse, dann brennt sie mit blauer Flamme. Ein darüber gehaltenes befeuchtetes blaues Lackmuspapier rötet sich.

Das beim Verbrennen von Schwefel entstehende Schwefeldioxyd löst sich in Wasser zu schwefliger Säure:

$$\underset{\text{Schwefel}}{S} + O_2 = \underset{\text{Schwefeldioxyd}}{SO_2}$$

$$SO_2 + H_2O = \underset{\text{schweflige Säure}}{SO_3H_2}$$

Die höhere Oxydationsstufe des Schwefels, die Schwefelsäure, SO_4H_2, wird durch einfaches Verbrennen von Schwefeldioxyd mit Luft nicht erreicht, wohl aber durch Luft mit Hülfe des Sauerstoffes der Salpetersäure (Bleikammerverfahren), und durch Luft, deren Sauerstoff durch Kontakt mit platinierten Asbest aktiriert worden ist; dabei finden die Reaktionen

[1]) K. W. Jurisch, Salpeter und sein Ersatz, 1908.

$$2\,SO_2 + O_2 = 2\,SO_3$$
Schwefeltrioxyd

$$SO_3 + H_2O = SO_4H_2$$

statt (Kontaktverfahren)[1]). Man geht dabei im allgemeinen nicht mehr wie früher vom Schwefel aus, sondern von dem billigeren Schwefelkies (Pyrit, Schwefeleisen), den man „abröstet".

$$4\,FeS_2 + 11\,O_2 = 2\,Fe_2O_3 + 8\,SO_2$$
Schwefelkies, Sauerstoff, Eisenoxyd, Schwefeldioxyd

Schwefelkies läßt sich im Laboratorium ohne vorheriges Abrösten folgendermaßen auf Schwefelsäure verarbeiten:

Versuch 28. 1 g gepulverter Pyrit wird mit 20 ccm „Königswasser" (1 Raumteil konz. Salpetersäure + 3 Raumteile konz. Salzsäure) auf dem Wasserbade erwärmt. Man dampft zur Vertreibung der überschüssigen Säure zur Trockne, nimmt den Rückstand in ungefähr 200 ccm heißem Wasser auf und filtriert. Auf dem Filter bleibt etwa im Mineral vorhandene Kieselsäure, im Filtrat befindet sich die entstandene Schwefelsäure und Eisensalz; die Schwefelsäure wird durch Zusatz von Baryumchlorid nachgewiesen, welches einen weißen Niederschlag von Baryumsulfat gibt:

$$SO_4H_2 + BaCl_2 = SO_4Ba + 2\,HCl$$
Baryumchlorid, Baryumsulfat

Die Wirkung des Königswassers beruht darauf, daß Chlorwasserstoff durch Salpetersäure oxydiert wird, und dadurch Chlor entsteht, welches das Eisen vom Schwefel trennt:

$$3\,HCl + NO_3H = NO + 3\,Cl + 2\,H_2O$$
$$FeS_2 + 3\,Cl = FeCl_3 + 2\,S$$
Eisenchlorid, Schwefel

[1]) E. Drösser, Die technische Entwicklung der Schwefelsäurefabrikation und ihre volkswirtschaftliche Bedeutung, 1908.

Der Schwefel wird zu Schwefelsäure oxydiert:

$$S + 2\,NO_3H = SO_4H_2 + 2\,NO.$$

Die Methode des Versuches 28 bildet die Grundlage zur Bestimmung des Handelswertes von Pyriten[1]). Fabrikatorisch würde die Oxydation von Pyrit mit viel Salzsäure und Salpetersäure zu teuer sein. Dadurch, daß man nicht mit Pyrit unmittelbar, sondern mit Schwefeldioxyd arbeitet, das durch Abrösten von Pyrit entstanden ist, wird die Salzsäure entbehrlich, weil das gasförmige Schwefeldioxyd leichter angreifbar ist als das feste Mineral. Die Salpetersäure wirkt in den Bleikammern auf das Schwefeldioxyd in mehreren Phasen, die sich in folgende Summengleichung zusammenfassen lassen:

$$2\,SO_2 + 2\,NO_3H + H_2O = 2\,SO_4H_2 + NO + NO_2$$

Durch Luft und Wasser, die man zuführt, gehen Stickoxyd und Stickstoffdioxyd wieder in Salpetersäure über:

$$NO + NO_2 + O_2 + H_2O = 2\,NO_3H.$$

Die Salpetersäure oxydiert neue Mengen Schwefeldioxyd, läßt sich also mit Vorteil verwenden, trotzdem sie viel teurer ist als die gleiche Gewichtsmenge Schwefelsäure.

Die sogen. konzentrierte Schwefelsäure des Handels enthält etwa 95,6 Prozent SO_4H_2. Der Rest ist Wasser, dessen Menge sich bei Luftzutritt vermehrt, da Feuchtigkeit energisch angezogen wird. Aus demselben Grunde findet starke Erhitzung und Herausspritzen der Säure statt, wenn man Wasser zu konz. Schwefelsäure gießt. Gibt man umgekehrt die Säure zum Wasser, so verteilt sich die Wärme gleichmäßig und gefahrlos.

Versuch 29. Analytischer Nachweis von schwefligsaurem neben schwefelsaurem Salz. Man bringe in ein Reagenzrohr etwas Natriumsulfat, in ein anderes etwas Natriumsulfit, löse beide Salze in Wasser und gebe Baryumchlorid hinzu. Es entstehen weiße Niederschläge von Baryumsulfat und Baryumsulfit. Ersteres verschwindet bei Zufügen von Salzsäure nicht, letzteres löst sich unter Freiwerden von schwefliger Säure auf:

---

[1]) G. Lunge, Chemisch-technische Untersuchungsmethoden, 1904, Bd. 1, S. 274.

$$SO_4Na_2 + BaCl_2 = SO_4Ba + 2\,NaCl$$
Natriumsulfat Baryumsulfat

$$SO_3Na_2 + BaCl_2 = SO_3Ba + 2\,NaCl$$
Natriumsulfit Baryumsulfit

$$SO_3Ba + 2\,HCl = SO_3H_2 + BaCl_2$$
schweflige Säure

In der schwefligen Säure lassen sich ebenso wie in der Schwefelsäure beide Wasserstoffatome nacheinander durch Neutralisation mit Natronlauge ersetzen:

$$SO_3H_2 + NaOH = SO_3NaH + H_2O$$
saures Natriumsulfit

$$SO_3H_2 + 2\,NaOH = SO_3Na_2 + 2\,H_2O$$
neutrales Natriumsulfit

Säuren, die zwei Moleküle Natriumhydroxyd neutralisieren können, nennt man zweibasische. Die sauren Salze werden auch als Natriumbisulfit (SO_3NaH) und Natriumbisulfat (SO_4NaH) bezeichnet, da hier ein Molekül Base mit zweimal soviel Säure in Reaktion getreten ist, wie bei den neutralen Salzen.

In Bomben verflüssigtes Schwefeldioxyd, Natriumsulfit und Natriumbisulfit dienen zum Konservieren von Fleisch, Graupen, Dörrobst, Büchsengemüse usw. Mit Schwefeldioxyd und mit Natriumbisulfit bleicht man Wolle. Die hierbei stattfindenden Reaktionen beruhen teils auf dem Reduktionsvermögen der schwefligen Säure und ihrer Salze, teils sind sie komplizierterer Natur.

Versuch 30. 30 ccm technischer Natriumbisulfitlösung (spez. Gew. 1,29) werden im Lauf von etwa 5 Minuten portionenweise mit 3 g Zinkstaub versetzt, wobei Natriumhydrosulfit, $S_2O_4Na_2$, entsteht, welches noch stärker reduziert als Natriumbisulfit. Man lasse die Reaktion in einen kleinen Erlenmeyerschen Kolben von statten gehen, den die angegebene Flüssigkeitsmenge etwa zur Hälfte füllt, und verdünne bis zum Rande des Gefäßes mit Wasser. Diese Versuchsordnung bezweckt, der Luft eine möglichst geringe Angriffsfläche zu bieten, da Hydrosulfit sehr oxydabel ist. Der Zinkstaub wird durch gelindes Umrühren im Gefäß verteilt. Sollte hierbei starke

Selbsterwärmung eintreten, so kühle man durch Einstellen in kaltes Wasser.

Es kann vorkommen, daß das Reaktionsgemisch halb fest wird. In dem Falle schütte man es in etwa 30 ccm Wasser. Fünf Minuten nach Beginn des Versuches wird filtriert, da gelöstes Hydrosulfit nicht haltbar ist. Das Filtrat lasse man in ein Reagenzrohr fließen, in dem vorher durch Mischen wässriger Lösungen von wenig Eisenchlorid und Ferrocyankalium „Berlinerblau" erzeugt wird. Die Farbe verschwindet durch das Hydrosulfit. Man wiederhole den Versuch mit käuflichem Natriumhydrosulfit[1]) und überzeuge sich davon, daß Natriumbisulfit keine Wirkung auf Berlinerblau ausübt, dieselbe also nur dem Hydrosulfit eigentümlich ist.

Die Einwirkung von Zink auf Natriumbisulfit verläuft in zwei Phasen:

$$\underset{\text{Natrium-bisulfit}}{SO_3NaH} + \underset{\text{Zink}}{Zn} = \underset{\text{Natrium-sulfoxylat}}{SO_2NaH} + \underset{\text{Zink-oxyd}}{ZnO}$$

Das intermediär entstehende Natriumsulfoxylat ist nicht isolierbar, sondern reagiert sofort mit überschüssigem Natriumbisulfit:

$$SO_2NaH + SO_3NaH = H_2O + \underset{\text{Natrium-hydrosulfit}}{S_2O_4Na_2}$$

oder

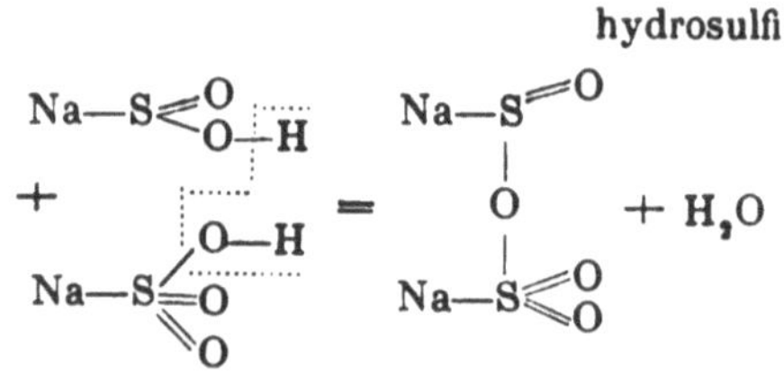

In der letzten Gleichung werden die Affinitätskräfte (Valenzen), welche das Schwefelatom äußern kann, ebenso wie die zwei Valenzen des Sauerstoffs und die eine des Natriums durch

---

[1]) Wird von der Badischen Anilin- u. Soda-Fabrik, Ludwigshafen a. Rh., in den Handel gebracht. Ist in wasserfreiem Zustand haltbar (s. in der Erläuterung zu Versuch 31).

Bindestriche veranschaulicht. Solche Formeln nennt man S t r u k - t u r - oder K o n s t i t u t i o n s f o r m e l n, weil sie die Anordnung der Atome im Molekül veranschaulichen.

Natriumhydrosulfit dient zum Reduzieren von Indigo in der Färberei und in Verbindung mit Formaldehyd als „Ä t z m i t t e l“ im Z e u g d r u c k. Man druckt es auf gefärbte Stoffe und erhält so durch Bleichung der bedruckten Stellen weiße Muster auf farbigem Grunde. Die Wirkung des Natriumhydrosulfits beruht auf seiner außerordentlichen Verwandtschaft zum Sauerstoff bei Gegenwart von Wasser:

$$Na_2S_2O_4 + O_2 + H_2O = \underset{\text{Natrium-bisulfat}}{SO_4NaH} + \underset{\text{Natrium-bisulfit}}{SO_3NaH}$$ [1]

Infolgedessen verändert Natriumhydrosulfit die Substanzen, auf die es einwirkt, entweder dadurch, daß es ihnen Sauerstoff entzieht; oder aber es entnimmt den Sauerstoff dem Wasser:

$$Na_2S_2O_4 + 2\,H_2O = 2\,SO_3NaH + 2\,H,$$

und der naszierende Wasserstoff entfaltet eine besonders große Reduktionskraft.

Versuch 31. Einwirkung von Schwefel auf Natriumsulfit. 13 g Natriumsulfit werden in 25 ccm Wasser mit 1 g gepulvertem Stangenschwefel (nicht Schwefelblumen, da diese sich nicht gut netzen) etwa 5 Minuten lang gekocht. Man filtriere und erwärme einige ccm des Filtrates in einem Reagenzglase mit etwas konz. Salzsäure. Schwefelabscheidung. Man überzeuge sich, daß die gleiche Reaktion mit käuflichem N a t r i u m t h i o s u l f a t, $Na_2S_2O_3 . 5\,H_2O$, eintritt.

Die Bildung von Natriumthiosulfat beruht darauf, daß sich ein Schwefelatom zwischen Schwefel und Natrium schiebt:

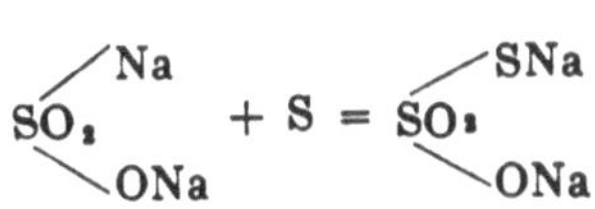

Natrium-sulfit Natriumthio-sulfat

[1]) Bei der Schwefelsäure und ihren Salzen wurden die Schreibweisen SO_4H_2, SO_4NaH, SO_4Na_2 gewählt, weil hier Wasserstoff und Natrium mit dem Sauerstoff und nicht unmittelbar mit dem Schwefel verbunden sind. Bei der schwefligen Säure und ihren Derivaten ist

Natriumthiosulfat kristallisiert mit 5 Molekülen „Kristallwasser", eine bei Salzen häufige Erscheinung. Bei Reaktionsgleichungen läßt man das Kristallwasser unberücksichtigt, da es sich an Umsetzungen im allgemeinen nicht beteiligt. Eine Ausnahme bildet Natriumhydrosulfit, welches sich in kristallwasserhaltigem Zustand oxydiert, in wasserfreiem nicht.

Durch Salzsäure wird aus Thiosulfat Thioschwefelsäure in Freiheit gesetzt, welche unbeständig ist und sich unter Abscheidung von Schwefel zersetzt:

$$S_2O_3Na_2 + 2\,HCl = S_2O_3H_2 + 2\,NaCl$$

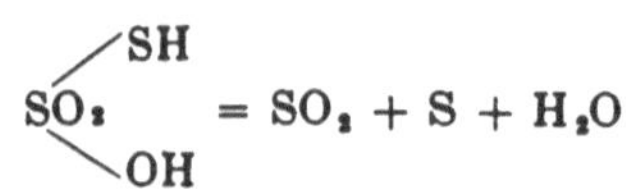

Obgleich also die Thioschwefelsäure der Formel nach das Analogon der Schwefelsäure ist, mangelt ihr doch deren Beständigkeit. Demnach wird das Molekül SO_4H_2 aus einem stabilen zu einem labilen, wenn man ein Sauerstoffatom durch Schwefel ersetzt. Das gleiche gilt von den Salzen der Thioschwefelsäure im Vergleich mit denen der Schwefelsäure.

Labile Moleküle sind vielfach besonders reaktionsfähig. Das zeigt sich bei folgender Versuchsreihe:

Versuch 32. Reaktionen des thioschwefelsauren Natriums.

a) Man löse 1 g Jod zugleich mit 1 g Jodkalium in 1 ccm Wasser, verdünne nach erfolgter Lösung noch mit 10 ccm Wasser und füge das Ganze zu einer Lösung von 3 g Natriumthiosulfat in 10 ccm Wasser. Die Farbe des Jodes verschwindet unter Bildung von Natriumtetrathionat:

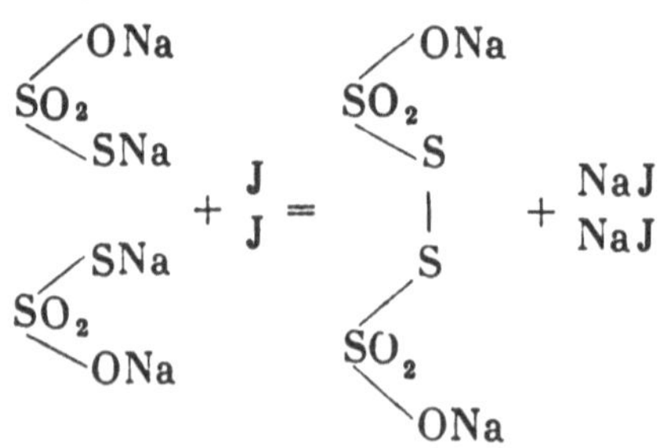

Thiosulfat Tetrathionat

das zum Teil anders. Da die Einzelheiten sich in den gewöhnlichen Formeln nicht ausdrücken lassen, so ist bei ihnen die Reihenfolge der Elemente ohne Bedeutung.

Jod löst sich nur in einem Betrage von etwa 0,02 Proz. in Wasser, reichlich dagegen in einer konzentrierten Lösung von Jodkalium unter Bildung von Kaliumtrijodid, KJ_3. Man bezeichnet eine solche Lösung schlechtweg als „Jodlösung", weil sie die Reaktionen des freien Jodes zeigt.

b) Zu einer Lösung von Natriumthiosulfat füge man tropfenweise Eisenchloridlösung. Die ersteren Tropfen verursachen intensive Violettfärbung, die bei weiterem Zusatz des Eisenchlorids verschwindet.

Die Färbung beruht vielleicht auf der Bildung eines Eisensalzes der Thioschwefelsäure, die Entfärbung ist darauf zurückzuführen, daß das Chlor des Eisenchlorids gerade so wirkt wie Jod:

$$\underset{\text{Natrium-thiosulfat}}{2\,S_2O_3Na_2} + \underset{\text{Eisen-chlorid}}{2\,FeCl_3} = 2\,NaCl + \underset{\text{Eisen-chlorür}}{2\,FeCl_2} + \underset{\text{Natrium-tetrathionat}}{S_4O_6Na_2}$$

Man braucht Thiosulfat als „Antichlor" nach dem Bleichen von Papier, um einen etwaigen Überschuß an Chlor, der das Papier beim Trocknen morsch machen würde, zu entfernen.

c) Zu einer Lösung von Natriumthiosulfat füge man eine solche von Silbernitrat. Es entsteht ein Niederschlag, der anfangs weiß ist und dann in rascher Folge gelb, braun und besonders beim Erwärmen schwarz wird, indem sich das zuerst ausgeschiedene Silberthiosulfat unter Bildung von Schwefelsilber und Schwefelsäure zersetzt.

$$Na_2S_2O_3 + 2\,AgNO_3 = Ag_2S_2O_3 + 2\,NaNO_3$$

$$SO_2\begin{matrix}\diagup OAg \\ \diagdown SAg\end{matrix} + H_2O = SO_2\begin{matrix}\diagup OH \\ \diagdown OH\end{matrix} + \underset{\text{Schwefel-silber}}{Ag_2S}$$

Versuch 33. Man löse eine geringe Menge Silbernitrat in wenig Wasser und füge einen Überschuß von Kochsalzlösung hinzu, so daß alles Silber als Chlorsilber ausgefällt wird. Dann dekantiere man die überstehende Flüssigkeit und versetze den Niederschlag mit Thiosulfatlösung. Das Clorsilber löst sich auf.

Auch bei dieser Reaktion bildet sich Silberthiosulfat:

$$2\,AgCl + Na_2S_2O_3 = 2\,NaCl + Ag_2S_2O_3$$

Dasselbe zersetzt sich aber nicht, falls Thiosulfat im Überschuß zugegen ist, sondern geht unter Bildung eines „komplexen Salzes" in Lösung:

$$Ag_2S_2O_3 + 2\,Na_2S_2O_3 = [Ag_2\,(S_2O_3)_3]\,Na_4.$$

Der Umstand, daß ein Zerfall des Silberthiosulfats (s. Versuch 32) hier nicht eintritt, ist darauf zurückzuführen, daß sich Jonen $[Ag_2(S_2O_3)_3]''''$ bilden, deren Reaktionen von denen der ursprünglichen Jonen, $Ag^{\cdot}$ und S_2O_3'', verschieden sind. Man nennt derartige Jonen und die betreffenden Salze „komplexe", weil mehrere Elementarjonen zu einem Komplex zusammengetreten sind, der ein neues Jon darstellt. Es wird durch Einfassung in eine eckige Klammer gekennzeichnet.

Die Löslichkeit des komplexen Silber-Natriumthiosulfates benutzt man: erstens zum Extrahieren von Silber aus Erzen, die zur Bildung von Chlorsilber mit Chlornatrium geröstet und dann mit Thiosulfatlösung behandelt werden; zweitens zum Fixieren photographischer Bilder, d. h. zum Entfernen desjenigen Chlorsilbers auf der Platte, das vom Licht nicht verändert worden ist. —

Ein wichtiges Natriumsalz ist der Borax, $B_4O_7Na_2 \cdot 10\,H_2O$:

Versuch 34. Man betupfe Lackmuspapier mit wässriger Boraxlösung. Es tritt Blaufärbung ein, die auf Abspaltung geringer Mengen von Natriumhydroxyd unter Einwirkung des Wassers beruht:

$$B_4O_7Na_2 + 2\,H_2O = 2\,NaOH + \underset{\text{Tetraborsäure.}}{B_4O_7H_2}$$

Das Wasser äußert sich also hier nicht nur als Lösungsmittel, sondern zugleich auch als Reagens. Man nennt das Hydrolyse. Sie tritt bei Salzen ein, die nicht aus zwei „starken" Komponenten aufgebaut sind, sondern ganz oder teilweise aus „schwachen". Die Komponenten sind Säuren und Basen. Ihre Stärke ist proportional dem Grade ihres elektrolytischen Zerfalles. Die Säure, deren Neutralisation mit Natriumhydroxyd Borax gibt, ist schwach, sie sendet also wenig Wasserstoffjonen in Lösung; umgekehrt hat das Jon B_4O_7'' dieser Säure ein solches Bestreben, Wasserstoffjonen an sich zu reißen, daß sie dieselben dem Wasser entnimmt, obgleich dieses nur in sehr geringem Grade elektrolytisch zerfallen ist. Obige Reaktion lautet darum in Jonenschreibweise:

$$B_4O_7'' + 2\,H^{\cdot} + 2\,OH' = B_4O_7H_2 + 2\,OH'$$

Dadurch, daß die entsprechende Menge von Hydroxyljonen aus dem Wasser frei wird, die im Zustande der Dissoziation neben den Natriumjonen bestehen bleiben, wird das Lackmuspapier gebläut.

T e t r a b o r s ä u r e ist nicht beständig, sondern zerfällt mit Wasser sofort unter Bildung von B o r s ä u r e , $B(OH)_3$:

$$B_4O_7H_2 + 5\,H_2O = 4\,B(OH)_3$$

Borax gewinnt man durch Kochen von Borokalzit (Nevada, Kleinasien) und Boronatrokalzit (Kalifornien, Chile) mit Sodalösung, ferner durch Neutralisieren von Borsäure. Man braucht Borax als Kosmetikum und als Waschmittel, wobei er infolge seiner schwach alkalischen Reaktion reinigt, ohne zu ätzen. Borax dient ferner als Zusatz zur Reisstärke beim Plätten der Wäsche; die verkleisterte Stärke wird dadurch erheblich steifer und glänzender. Schmelzender Borax löst Metalloxyde und bildet mit ihnen Glasflüsse und wird darum zur Erzeugung von Glasuren benutzt.

2. Ammoniak.

Versuch 35. Rotes Lackmuspapier wird mit Ammoniaklösung befeuchtet. Es färbt sich blau.

Beim Destillieren von S t e i n k o h l e in G a s a n s t a l t e n und K o k e r e i e n entweicht A m m o n i a k g a s , NH_3, das sich in Wasser löst und dabei A m m o n i u m h y d r o x y d bildet:

$$NH_3 + H_2O \rightleftharpoons NH_4OH$$

Ammoniak — Ammoniumhydroxyd

oder:

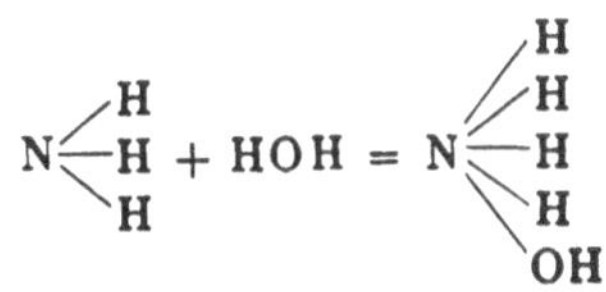

Der Stickstoff kann demnach drei und fünf Valenzen äußern. Eine neuere Valenztheorie[1]) nimmt „Hauptvalenzen" und schwächere „Nebenvalenzen" an, welch letztere nur bei gewissen Reaktionen in Erscheinung treten.

Versuch 36. Ammoniaklösung wird im Reagenzrohr erhitzt. Darüber gehaltenes rotes Lackmuspapier bläut sich.

---

[1]) A. W e r n e r , Neuere Anschauungen auf dem Gebiete der anorganischen Chemie, 1905.

Ammoniak ist also als Gas austreibbar, wobei die obige Gleichung rückläufig wird:

$$NH_4OH = NH_3 + H_2O$$

Auf dem Lackmuspapier vereinigen sich die NH_3 und H_2O wieder und bilden Hydroxyljonen.

Bei der Kohlendestillation konzentriert man das Ammoniakwasser bis zu einem Gehalt von 25% NH_3. Es kommt als „Gaswasser“ in den Handel. Durch eine besondere Art der Destillation gewinnt man daraus wasserfreies Ammoniak, das in Bomben zu einer Flüssigkeit komprimiert wird. Es dient ebenso wie flüssiges Schwefeldioxyd zur Erzeugung von Kälte[1]); durch maschinelle Druckverminderung verwandeln sich die Flüssigkeiten in Gase und binden dabei Wärme.

Versuch 37. Vereinigung von Ammoniak mit Säuren.

a) Man tauche einen Glasstab in konzentrierte Salzsäure und bringe ihn in ein Reagenzglas, in dem sich konzentrierte Ammoniaklösung befindet. Es bilden sich Nebel von Chlorammonium (Salmiak), NH_4Cl:

$$NH_4OH + HCl = NH_4Cl + H_2O.$$

Weil sich durch Natronlauge oder durch Kalk aus Salmiaklösung Ammoniak austreiben läßt, hat letzteres den Namen Salmiakgeist erhalten.

b) 70 ccm 10prozentiger Ammoniaklösung (spez. Gew. 0,96) werden mit 200 ccm 10prozentiger Schwefelsäure (spez. Gew. 1,07) eingedampft. Ausscheidung von Ammoniumsulfat, $SO_4(NH_4)_2$:

$$2\,NH_4OH + SO_4H_2 = SO_4(NH_4)_2 + H_2O$$

Ammoniumsulfat enthält ebenso wie Chilesalpeter Stickstoff und ist darum ein wichtiges Düngemittel.

Versuch 38. Auf einer Platte aus Kupfer oder Eisen schmelze man ein Gemisch von 10 g Weichlotpulver[2]), bestehend aus gleichen Teilen Zinn und Blei, und etwa 1 g gepulvertem Salmiak. Das Lot fließt gleichmäßig über das Metall.

---

[1]) Göttsche, Kältemaschinen 1907. — H. Teichmann, Komprimierte und verflüssigte Gase, 1908.

[2]) Bezogen von Küppers Metallwerken, Bonn.

Auf einer anderen Platte versuche man das gleiche mit Weichlotpulver ohne Salmiak. Es gelingt nicht, einen Metallfluß zu erzielen.

Die Wirkung des Salmiaks beruht darauf, daß es im geschmolzenen Zustand etwa vorhandenen Rost (Metalloxyd) auflöst, auf diese Weise die aneinanderzulötenden Metallflächen blank hält und zugleich deren Benetzung durch das fließende Lotmetall erleichtert.

Versuch 39. Nachweis kleiner Ammoniakmengen mit „Neßlerschem Reagens". 10 g Quecksilberjodid werden in einem Mörser mit 50 ccm Wasser und 5 g Jodkalium verrieben, wobei die Salze unter Bildung von komplexem Quecksilberkaliumjodid in Lösung gehen:

$$\underset{\text{Quecksilber-jodid}}{HgJ_2} + 2\ JK = \underset{\text{Quecksilber-kaliumjodid}}{[HgJ_4]K_2}$$

Die Lösung wird zusammen mit einer kalten Lösung von 20 g Natriumhydroxyd in 50 ccm Wasser in eine Flasche gespült, in der man etwaige ungelöste Substanz absitzen läßt. Dieses „Neßlersche Reagens" wird zweckmäßig im Dunkeln aufbewahrt.

Die Reaktion des alkalischen Quecksilberkaliumjodids mit Ammoniak und Ammoniumverbindungen ist so empfindlich, daß sich noch 0,05 mg Ammoniak in 1 Liter Wasser nachweisen lassen:

Man versetze etwa ½ Liter Wasser mit einem Tropfen Ammoniaklösung und füge Neßlers Reagens hinzu. Brauner Niederschlag von Dimercuriammoniumjodid:

$$2[HgJ_4]K_2 + NH_4 \cdot OH = \underset{\text{Dimercuri-ammonium-hydroxyd}}{NHg_2 \cdot OH} + 4\ JK + 4\ JH$$

$$NHg_2 \cdot OH + HJ = \underset{\text{Dimercuri-ammonium-jodid}}{NHg_2J} + H_2O$$

Beide Reaktionen finden momentan statt, entsprechend der Summengleichung:

$$2[HgJ_4]K_2 + NH_4OH = NHg_2J + H_2O + 3\ JH + 4\ JK$$

Der auftretende Jodwasserstoff würde die Reaktion stören. Das ist der Grund, weshalb Neßlers Reagens alkalisch ist; die Säure wird dadurch schon im Entstehen neutralisiert.

Neßlers Reagens ist wichtig zur Untersuchung von Wasser. Erhält man die Ammoniakreaktion, so deutet das auf faulende organische Substanz, und das Wasser eignet sich nicht zum Trinken.

Versuch 40. Darstellung von Soda nach Solvay mit Hilfe von Ammoniak (Ammoniaksoda). 23 g käufliches Ammoniumkarbonat (Kohlensaures Ammonium) werden gepulvert und bis zur möglichst weit gehenden Lösung mit 75 ccm Wasser geschüttelt oder verrührt. Man filtriert vom Ungelösten ab und erhält so eine „kalt gesättigte" Lösung vom spez. Gewicht 1,06. In gleicher Weise schüttelt man 30 g Kochsalz mit 75 ccm Wasser. Spez. Gew. des Filtrates 1,20.

Man mische je 50 ccm der Lösungen und leite aus einer Bombe oder einem „Kippschen Apparat" einen raschen Strom von Kohlendioxyd ein. Nach etwa 5 Minuten bilden sich Kristalle von Natriumbikarbonat, deren Ausscheidung nach weiteren 5 Minuten beendet ist. Man filtriere und trockne die Kristalle auf Fließpapier.

In der Praxis sättigt man eine ammoniakalische Chlornatriumlösung mit Kohlendioxyd. Zunächst entsteht Ammoniumkarbonat, von dem bei Versuch 40 ausgegangen wurde, dann Ammoniumbikarbonat (saures kohlensaures Ammonium):

$$\underset{\text{Kohlendioxyd}}{CO_2} + H_2O = \underset{\text{Kohlensäure}}{CO_3H_2}$$

$$2\ NH_4OH + CO_3H_2 = \underset{\text{Ammoniumkarbonat}}{CO_3(NH_4)_2} + 2\ H_2O$$

$$CO_3(NH_4)_2 + CO_3H_2 = \underset{\text{Ammoniumbikarbonat}}{2\ CO_3H \cdot NH_4}$$

Von den jetzt in Lösung befindlichen $Na^{\cdot}$-, $NH_4^{\cdot}$-, Cl'- und CO_3H'-Jonen scheiden sich das erste und letzte als Natriumbikarbonat, CO_3HNa, aus, weil von den Salzen, die ausfallen könnten, dieses am schwersten löslich ist:

$$NaCl + CO_3H(NH_4) = CO_3HNa + NH_4Cl$$

Natriumbikarbonat wird in der Technik durch Erwärmen in „kalzinierte Soda“, CO_3Na_2, übergeführt:

$$\underset{\text{Natrium-bikarbonat}}{2\,CO_3HNa} = \underset{\text{Natrium-karbonat}}{CO_3Na_2} + CO_3H_2$$

oder:

$$\begin{array}{l} CO_3H \vdots Na \\ \quad\;\; H \vdots NaCO_3 \end{array}$$

Die Kohlensäure zerfällt sofort in Kohlendioxyd und Wasser:

$$CO_3H_2 = CO_2 + H_2O$$

Versuch 41. 25 g kalzinierte Soda des Handels werden mit 60 ccm Wasser bis zur Lösung erhitzt. Sollte die Lösung nicht vollkommen klar sein, so wird sie filtriert. Bei ruhigem Stehen der Lösung in einer Schale oder einem Becherglas scheiden sich Kristalle der Zusammensetzung $CO_3Na_2 \cdot 10H_2O$ aus. Die Kristallisation erfolgt manchmal sofort, manchmal erst nach mehreren Stunden. Man trenne die Kristalle durch Filtration von der Mutterlauge und trockne sie auf Fließpapier.

Kolben oder Flaschen eignen sich zur Kristallisation weniger gut als Gefäße, aus denen das Lösungsmittel rasch verdunsten kann.

Die nach diesem Versuch erhaltene „Kristallsoda“ enthält 63 % Kristallwasser. Sie löst sich leichter als kalzinierte Soda und wird darum im Hausgebrauch bevorzugt. Kalzinierte Soda dient hauptsächlich zur Fabrikation von Seife und Glas.

Versuch 42. Man prüfe die Reaktion von Sodalösung mit rotem Lackmuspapier. Dasselbe färbt sich blau.

Soda reagiert aus demselben Grunde alkalisch wie Borax (s. Versuch 34): Durch Hydrolyse wird Natriumhydroxyd abgespalten,

$$CO_3Na_2 + H_2O = NaOH + CO_3NaH.$$

3. Kalium.

Versuch 43. 50 g Staßfurter Carnallit werden gepulvert und in 50 ccm Wasser eingetragen. Man erhitze unter Umrühren bis zum Sieden und filtriere. Aus der filtrierten Lösung scheiden sich beim Erkalten Kristalle aus, die der Hauptsache nach aus Chlorkalium (Kaliumchlorid) bestehen. Man entferne die Mutterlauge durch Filtration und trockne die Kristalle auf Fließpapier.

Carnallit, $KMgCl_3 \cdot 6\,H_2O$, ist ein „Doppelsalz", was man durch die Schreibweise $KCl \cdot MgCl_2 \cdot 6\,H_2O$ ausdrücken kann. Im Gegensatz zu den komplexen Salzen (Versuch 33) sind Doppelsalze durch dieselben Jonen charakterisiert wie ihre Komponenten und sie zerfallen in letztere, wenn man sie in Wasser löst:

$$\underset{\text{Kalium-magnesium-chlorid}}{KMgCl_3} = KCl + \underset{\text{Magnesium-chlorid}}{MgCl_2}$$

In analoger Weise zerfällt ein anderes Staßfurter Doppelsalz, der Kainit, $KCl \,.\, MgSO_4 \,.\, 3\,H_2O$. Die Staßfurter Fabrikation[1]) reiner Kaliumsalze beruht auf der Zerlegung der Rohsalze durch Wasser, wobei die Verbindungen des Kaliums auskrystallisieren, die des Magnesiums in Lösung bleiben. Inwieweit der Zerfall ein vollkommener ist, richtet sich nach der Menge des Wassers und nach der Zusammensetzung der Salze, die im allgemeinen nicht den idealen Formeln entsprechen, sondern mit Chlornatrium, Kalziumsulfat usw. vermengt vorkommen.

Versuch 44. Die bei Versuch 43 erhaltenen Kristalle werden in wenig Wasser gelöst, so daß eine konzentrierte Lösung entsteht. Einen Tropfen davon bringt man auf einem Glasschälchen („Uhrglas") mit einigen Tropfen einer Lösung von Platinchlorwasserstoff zusammen, die 10% Platin enthält. Ausscheidung eines gelben Niederschlages von Kaliumplatinchlorid (platinchlorwasserstoffsaures Kalium), der unter dem Mikroskop charakteristische Oktaeder zeigt.

---

[1]) K. Kubierschky, Die deutsche Kaliindustrie 1907. — P. Kriesche, Die Verwertung des Kalis, 1908.

$$2\,KCl + [PtCl_6]H_2 = 2\,HCl + [PtCl_6]K_2$$

Chlorkalium — Platinchlorwasserstoff — Kaliumplatinchlorid

War das Chlorkalium chlornatriumhaltig, so kann sich auch Natriumplatinchlorid ausscheiden. Letzteres unterscheidet sich von dem Kaliumsalz durch seine Löslichkeit in Alkohol.

Versuch 44 illustriert das Prinzip der Methode, nach der man den Handelswert von Kaliumsalzen zu bestimmen pflegt. In der Praxis entfernt man vor Ausfällung des Kaliums etwa anwesende Magnesiumsalze durch besondere Reagentien und wiegt darauf den erhaltenen Niederschlag von Kaliumplatinchlorid.

Versuch 45. Erkennung von Kaliumsalzen durch die Flammenfärbung. Durch die quergehaltene Bunsenflamme schütte man ein wenig chlorsaures Kalium. Die Flamme wird violett gefärbt.

Versuch 46. Man löse etwa 1 g gepulverter Weinsäure in etwa 2 ccm Wasser und füge dazu wenige Tropfen einer konzentrierten Lösung von Kaliumkarbonat. Es entsteht entweder sofort oder beim Reiben der inneren Gefäßwandung mit einem Glasstab ein kristallinischer Niederschlag von saurem weinsaurem Kalium:

$$2\,C_2H_4O_2(COOH)_2 + CO_3K_2 = 2\,C_2H_4O_2 . COOK . COOH + CO_2 + H_2O$$

Weinsäure — saures weinsaures Kalium

Organische Säuren sind durch ein oder mehrere Carboxylgruppen, COOH, charakterisiert. Die Weinsäure hat deren zwei. Wird der Wasserstoff der einen durch Kalium ersetzt, so entsteht jener schwer lösliche Niederschlag. Derselbe Niederschlag setzt sich in den Weinfässern als Weinstein ab und wird auf Weinsäure und Brechweinstein verarbeitet, die man hauptsächlich als Hilfsmaterialien beim Bedrucken und Färben von Baumwolle braucht.

Das Vorkommen von saurem weinsaurem Kalium im Traubensaft zeigt, das Kalisalze zum Leben gewisser Pflanzen notwendig sind. Daher die große Bedeutung der Staßfurter Salze als Düngemittel. Die Abtrennung der Magnesiumsalze erfolgt erstens zur Düngung derjenigen Pflanzen, welche reiner Kaliumsalze bedürfen, und zweitens zur Verarbeitung auf Kaliumhydroxyd, Kaliumkarbonat und andere Kaliumsalze.

Versuch 47. Darstellung von Kaliumnitrat (Kalisalpeter). Man löse 18 g Chilesalpeter (Natriumnitrat) in 20 ccm siedendem Wasser und füge dazu unter stetem Kochen und Umrühren 15 g gepulvertes Kaliumchlorid. Das Ganze wird etwa eine Minute lang gekocht, wobei man das verdampfende Wasser ersetzt, und darauf durch einen Trichter filtriert, dessen Rohr man nach Anritzen mit einer Feile abgebrochen hat. Im Rückstand bleibt Chlornatrium, im Filtrat bilden sich Kristalle von Kaliumnitrat, die man abfiltriert und auf Fließpapier trocknet. Sprengt man das Trichterrohr nicht ab, so tritt Verstopfung durch Kristalle ein.

Die Reaktion beruht ähnlich wie die der Bildung von Natriumbikarbonat nach Solvay auf der verschiedenen Löslichkeit der Salze, die sich durch Zusammentritt der vorhandenen $Na^{\cdot}$-, $K^{\cdot}$-, NO'_3- und Cl'-Jonen ausscheiden können. Da von den möglichen Kombinationen die Vereinigung der $K^{\cdot}$- und NO'_3-Jonen zu dem in der Kälte schwerst löslichen Salz, dem Kaliumnitrat, führt, so kristallisiert dieses aus, was man durch die Gleichung

$$NO_3Na + KCl = KNO_3 + NaCl$$

formulieren kann.

Der Kalisalpeter (Konversionssalpeter) ist zum Unterschied vom Natronsalpeter nicht „hygroskopisch" d. h. er nimmt keine Luftfeuchtigkeit an, eignet sich darum zur Pulverbereitung.

Ebenso wie Kaliumnitrat kristallisieren auch andere Kaliumsalze besser als die entsprechenden Natriumsalze. Gut kristallisierende Verbindungen lassen sich fabrikatorisch leicht aus den Reaktionsmischungen abscheiden. Das ist der Grund, weshalb man eine Reihe von Salzen, bei denen die Natur des Leichtmetalles an und für sich irrelevant wäre, gerade in Form der Kaliumverbindung darstellt: Kaliumnitrat, -chlorat, -bichromat, -permanganat, -ferrocyanat, -jodid, -bromid. Nur das fettsaure Kalium (Schmierseife) unterscheidet sich dadurch von dem ihm analogen Natriumsalz (Kernseife), daß es sich nicht in kompakter Form isolieren läßt.

Versuch 48. Etwa 3 g Kaliumchlorat (chlorsaures Kalium) werden mit 0,5 g gepulvertem, vorher ausgeglühtem Braunstein in einem trockenen Reagensglas durch Schütteln gemischt und dann erhitzt. Es entweicht Sauerstoff. Man weist ihn mit einem glimmenden Streichholz nach, das sich an der Mündung des Reagenzrohres entzündet.

$$\underset{\text{Kalium-chlorat}}{ClO_3K} = \underset{\text{Kalium-chlorid}}{KCl} + \underset{\text{Sauerstoff.}}{3\,O}$$

Der Braunstein wirkt „katalytisch“ d. h. er beschleunigt die Reaktion, ohne selber dabei verändert zu werden.

Ist der Braunstein nicht ausgeglüht, also nicht frei von organischer Substanz, so kann Verpuffung eintreten. Aus demselben Grunde unterlasse man es, chlorsaures Kalium zu pulvern. Falls organische Verunreinigungen in der Handelsware sind (was allerdings selten vorkommt), so kann beim Reiben im Mörser Explosion erfolgen.

Kaliumchlorat wird hauptsächlich in der Zündholzindustrie verwendet.

Das blendende Licht, mit dem bei Versuch 48 das Streichholz verbrennt, zeigt im Vergleich mit der gewöhnlichen Flamme den Unterschied zwischen Sauerstoff und Luft. Ein Liter der letzteren enthält in trockenem Zustand:

780,8 ccm Stickstoff
209,5 „ Sauerstoff
9,4 „ Argon
0,3 „ Kohlensäure.

Der Sauerstoff ist also stark durch Gase verdünnt, welche die Verbrennung nicht unterhalten und bei der technischen Feuerung abkühlend wirken.

4. Kalzium.

Versuch 49. Darstellung von Leblancsoda mit Hilfe von Kalziumkarbonat (kohlensaures Kalzium, Kalkstein, Kreide). 5 g wasserfreies Natriumsulfat, 4 g Holzkohle und 5 g Kalziumkarbonat in Form von Kreide werden fein gepulvert und gründlich miteinander gemischt. Man fülle einen kleinen Porzellantiegel mit der Mischung und glühe etwa 3 Minuten lang mit aufgelegtem Deckel auf einem Tondreieck in der Gebläseflamme. Nach dem Abkühlen wird die Masse in wenig Wasser geworfen und filtriert. Das Filtrat enthält Natriumkarbonat, das an seiner alkalischen Reaktion kenntlich ist. Der Filterrückstand wird für Versuch 50 aufbewahrt.

Die erste Reaktion der Sodadarstellung nach Leblanc:

$$2\,NaCl + SO_4H_2 = SO_4Na_2 + 2\,HCl$$

bildete Gegenstand von Versuch 1. Bei Versuch 49 finden die weiteren Reaktionen statt:

$$SO_4Na_2 + 4C = SNa_2 + 4CO$$

Natriumsulfat, Kohlenstoff, Natriumsulfid, Kohlenoxyd

$$SNa_2 + CO_3Ca = SCa + CO_3Na_2$$

Kalziumkarbonat, Kalziumsulfid, Natriumkarbonat

Beim Filtrieren der gelösten Schmelze bleibt das Kalziumsulfid größtenteils im Rückstand.

Fig. 3.

Versuch 50. Man durchstoße die Spitze des Filters von Versuch 49 und spüle das Gemisch von Kalziumsulfid und unverbrauchter Kohle vermittelst einer Spritzflasche (Fig. 3) in denselben Glaskolben, der bei Versuch 1 benutzt wurde. Der Trichter im Apparat jenes Versuches wird durch eine bis nahe an den Boden reichende Glasröhre ersetzt. Durch letztere läßt man einen starken Kohlendioxydstrom eintreten, der den Kalziumsulfidschlamm durchwühlt und in ein Gefäß mit Wasser austritt. Durch die Kohlensäure wird aus dem Kalziumsulfid Schwefelwasserstoff freigemacht:

$$CaS + CO_3H_2 = \underset{\text{Schwefel-wasserstoff}}{H_2S} + CO_3Ca$$

Der Schwefelwasserstoff entweicht gasförmig und löst sich in dem vorgelegten Wasser auf.

Einen Teil der Lösung versetze man mit etwas Bleiazetatlösung. Es entsteht ein Niederschlag von schwarzem Schwefelblei:

$$H_2S + \underset{\text{Bleiazetat}}{Pb(COCH_3)_2} = \underset{\text{Schwefelblei}}{PbS} + \underset{\text{Essigsäure}}{2\,CH_3CO_2H}$$

Einige Tropfen der Lösung versetze man mit der Lösung einer sehr kleinen Menge von Nitroprussidnatrium, $[Fe(CN)_5NO]Na_2 . 2\,H_2O$, in verdünntem Ammoniakwasser. Intensive Rotfärbung. Die Reaktionsgleichung ist nicht bekannt.

Auf der Austreibbarkeit von Schwefelwasserstoff aus Kalziumsulfid mit Hilfe von Kohlendioxyd beruht die Nutzbarmachung der „Sodarückstände" in den Leblancfabriken. Der Schwefelwasserstoff wird verbrannt und entweder auf Schwefel:

$$2\,H_2S + O_2 = 2\,H_2O + 2\,S,$$

oder auf Schwefeldioxyd:

$$2\,H_2S + 3\,O_2 = 2\,H_2O + 2\,SO_2$$

und in letzterem Fall weiter auf Schwefelsäure verarbeitet.

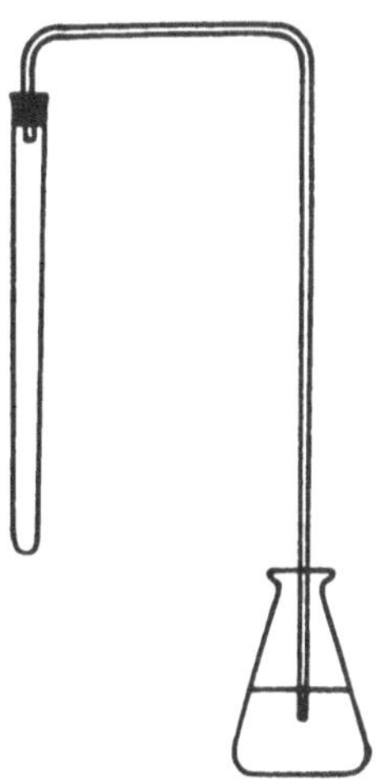

Fig. 4.

Versuch 51. 10 g Kreide werden im Mörser zerstoßen und in ein einseitig zugeschmolzenes Rohr gebracht, welches etwa 16 cm lang ist, 1,5 cm innere Weite hat und aus schwer schmelzbarem Glase besteht (Fig. 4). Man spannt das obere Ende des Rohres in eine Klammer und erhitzt das untere auf Rotglut. Die Länge des Rohres ist so bemessen, daß der Kautschukstopfen nicht anbrennt, falls die Flamme nur den unteren Teil des Rohres umspült. Das entweichende Gas wird in Wasser aufgefangen, das man mit einigen Tropfen käuflicher Lackmuslösung und einem Tropfen einer sehr verdünnten Ammoniaklösung blau gefärbt hat. Soll der Versuch unterbrochen werden, so entferne man zuerst das Wasser und dann erst die Flamme. Anderenfalles steigt die Flüssigkeit in die glühende Röhre zurück und zerschmettert sie.

Das Kalziumkarbonat zerfällt in Ätzkalk (gebrannten Kalk, Kalziumoxyd) und Kohlendioxyd. Letzteres löst sich im vorgelegten Wasser zu Kohlensäure, welche das Lackmus rot färbt:

$$\underset{\text{Kalzium-karbonat}}{CO_3Ca} = \underset{\text{Kalzium-oxyd}}{CaO} + \underset{\text{Kohlen-dioxyd}}{CO_2}$$

$$CO_2 + H_2O = \underset{\text{Kohlensäure}}{CO_3H_2}$$

Das bei diesem Versuche gebrauchte schwer schmelzbare Glas ist ein Kalzium-Kaliumsilikat, während gewöhnliches Glas Kalzium-Natriumsilikat ist. Die Zusammensetzung der Gläser entspricht ungefähr der Formel $CaO . K_2O . 6\,SiO_2$ und $CaO . Na_2O . 6\,SiO_2$. Außerdem umfaßt der Begriff des „Glases“ noch eine Reihe anderer Verbindungen, die besonderen Zwecken, insbesondere der Herstellung von Ziergläsern, von Linsen für optische Instrumente, von chemischen Gerätschaften und von Thermometern dienen.

Versuch 52. Spezieller Nachweis der Kohlensäure. Da Lackmus von jeder Säure gerötet wird, so bedarf die Kohlensäure noch eines besonderen Nachweises: 3 g Baryumhydroxyd werden in 100ccm Wasser unter Erwärmen verrührt. Nachdem das meiste gelöst ist, filtriere man das so erhaltene Barytwasser und bringe einen Teil davon unter Wiederholung von Versuch 51 an die Stelle der Lackmuslösung. Es entsteht ein weißer Niederschlag von kohlensaurem Baryum (Baryumkarbonat):

$$Ba(OH)_2 + CO_3H_2 = CO_3Ba + 2\,H_2O$$

Baryum-hydroxyd Kohlen-säure Baryum-karbonat

Versuch 53. In einen anderen Teil des filtrierten Barytwassers blase man Atemluft. Es entsteht ein Niederschlag von Baryumkarbonat. Das Produkt der Atmung ist also Kohlendioxyd.

Versuch 54. Das bei Versuch 51 geglühte Kalziumkarbonat enthält ein Gemisch von noch unverändertem kohlensaurem Kalk und von Ätzkalk. Die Anwesenheit des letzteren gibt sich beim Befeuchten mit Wasser zu erkennen. Eingelegtes Lackmuspapier wird blau. Es hat sich also eine Base gebildet, die man Kalziumhydroxyd oder gelöschten Kalk nennt:

$$CaO + H_2O = Ca(OH)_2$$

Kalizumhydroxyd.

Beim technischen Kalkbrennen durchstreichen die Flammengase das Mineral; die Erhitzung ist also eine effektvollere als bei der Versuchsanordnung 51; die Eigenschaften des gebrannten Kalkes treten demgemäß deutlicher bei Verwendung von gutem käuflichem Ätzkalk in Erscheinung:

Versuch 55. Ein Stück Ätzkalk wird in einer Porzellanschale mit wenigen Tropfen Wasser versetzt. Ist der Kalk von bester Beschaffenheit, so entwickelt sich Wärme, die man hier wie in anderen Fällen Reaktionswärme nennt. Sofortiger Zusatz von viel Wasser verhindert das Auftreten der Reaktionswärme und damit die Reaktion selber. Bei weiterem tropfenweisen Zusatz von Wasser wird die Gesamtmenge des Kalkes gelöscht. Ist der Kalk nicht gut gebrannt, so verwende man kochendes Wasser.

Durch Verrühren von wäßrigem Kalziumhydroxyd (Kalkmilch) und Sand erhält man den zum Bauen benutzten Mörtel, welcher dadurch zum Bindemittel für die Ziegel wird, daß er unter dem Einfluß der Luftkohlensäure erhärtet:

$$Ca(OH)_2 + CO_3H_2 = CO_3Ca + 2\,H_2O$$

Die Erhärtung erfolgt also durch Salzbildung. Das dabei austretende Wasser macht neue Bauten feucht.

Durch Glühen von gebranntem Kalk mit Koks im elektrischen Ofen stellt man Kalziumkarbid, CaC_2, dar. Es dient zur Darstellung von Azetylen und eines Düngemittels, das man Kalkstickstoff nennt.

Versuch 56. Einige Stücke Kalziumchlorid, $CaCl_2$, werden in einem Reagenzglas mit Wasser geschüttelt, wobei die Hauptmenge der Substanz in Lösung geht. Ein Rest bleibt ungelöst, da käufliches Kalziumchlorid meistens etwas basisches Salz enthält. Man bringt es durch wenige Tropfen verdünnter Salzsäure in Lösung:

$$\underset{\text{basisches Kalzium-chlorid}}{Ca<^{Cl}_{OH}} + HCl = CaCl_2 + H_2O$$

Die so erhaltene Lösung verteile man auf vier Reagenzgläser und führe damit folgende Reaktionen aus:

a) Zusatz von Sodalösung. Es entsteht ein Niederschlag von Kalziumkarbonat:

$$CaCl_2 + CO_3Na_2 = 2\,NaCl + CO_3Ca$$

Das natürlich vorkommende Kalziumkarbonat wird in Form von geschlämmter Kreide als billigste weiße Anstrichfarbe benutzt.

b) Zusatz von verdünnter Schwefelsäure. Es fällt Kalziumsulfat, SO_4Ca, aus, falls die Lösung nicht zu verdünnt war; in dem Fall kommt der Niederschlag erst nach einiger Zeit:

$$CaCl_2 + SO_4H_2 = 2\,HCl + SO_4Ca$$

Kalziumsulfat ist im gebrannten Gips enthalten; letzterer wird durch Glühen des natürlichen Gipses, $CaSO_4 \cdot 2\,H_2O$, dargestellt, wobei drei Viertel des Kristallwassers entweichen.

Kalziumsulfat und Kalziumkarbonat sind die Hauptbestandteile des Kesselsteins. 1 Liter Wasser löst bei 18° 2 g Kalziumsulfat auf. Von Kalziumkarbonat wird zwar durch reines Wassenur 0,013 g pro Liter gelöst, indessen kann das kohlensäurehaltige Wasser der Erde bis zu 0,4 g aufnehmen. Infolgedessen ist gewöhnliches Kesselspeisewasser stets mehr oder weniger „hart", d. h. es enthält die genannten Salze, die sich beim Verdampfen des Wassers ausscheiden.

c) Man versetze die Lösung des Kalziumchlorids mit soviel Ammoniak, daß Lackmus gebläut wird, und füge dann eine Lösung von Ammoniumoxalat hinzu. Weißer Niederschlag von Kalziumoxalat:

$$CaCl_2 + C_2O_4(NH_4)_2 = 2\,NH_4Cl + C_2O_4Ca$$

Ammonium-oxalat; Kalzium-oxalat

Da das Kohlenstoffatom vier Valenzen hat, so entsprechen dem Ammoniumoxalat und dem Kalziumoxalat folgende Konstitutionsformeln:

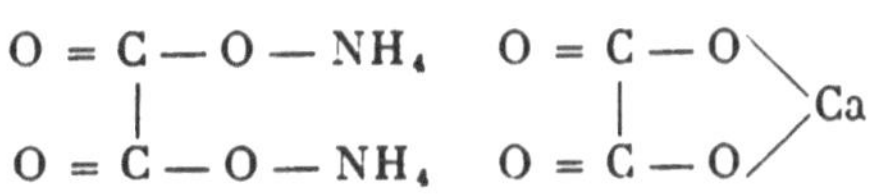

Kalziumoxalat dient wegen seiner Unlöslichkeit zur quantitativen Abscheidung des Kalziums bei der Analyse. Es löst sich in Salzsäure, weshalb man bei deren Gegenwart Ammoniak hinzufügt.

d) Man versetze die Lösung des Kalziumchlorids mit Ammoniak und mit Natriumphosphat. Niederschlag von Trikalziumphosphat:

$$PO_4HNa_2 + NH_4OH = PO_4(NH_4)Na_2 + H_2O$$

Natrium-phosphat; Natriumammonium-phosphat

$$2\,PO_4(NH_4)Na_2 + 3\,CaCl_2 = (PO_4)_2Ca_3 + 4\,NaCl + 2\,NH_4Cl$$

Trikalzium-phosphat

oder

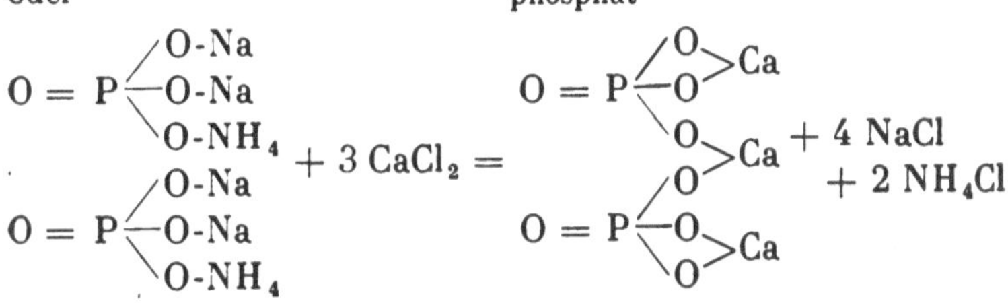

Ebenso wie Kalziumkarbonat und Kalziumsulfat kommt auch Trikalziumphosphat in der Natur vor. Es bildet den Hauptbestandteil der Knochen und findet sich in großen Mengen als Mineralphosphat (Phosphorit), in welch letzterer Form es zur Fabrikation eines der wichtigsten Düngestoffe, des Superphosphates, benutzt wird:

Versuch 57. 15 g feingemahlener Phosphorit werden mit 6 ccm Wasser und 6 ccm konz. Schwefelsäure etwa 10 Minuten lang erwärmt. Man verdünnt mit 40 ccm Wasser und filtriert. Hierbei entsteht aus dem Trikalziumphosphat ein Gemisch von Monokalziumphosphat und Kalziumsulfat, welches man Superphosphat nennt:

$$(PO_4)_2Ca_3 + 2\ SO_4H_2 = \underset{\text{Monokalzium-phosphat}}{(PO_4H_2)_2Ca} + 2\ SO_4Ca$$

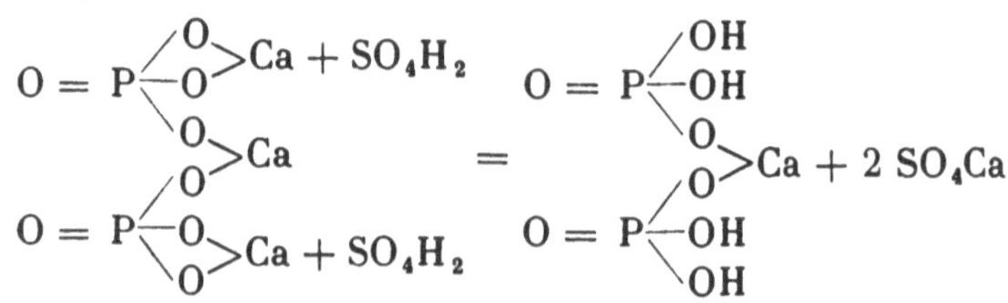

Bei der technischen Ausführung[1]) dieser Reaktion wird ohne Erhitzen verrührt, worauf bei mehrtägigem Lagern der Masse die Umsetzung stattfindet.

Der Grund, weshalb man das Monokalziumphosphat, nicht aber das Trikalziumphosphat zum Düngen benutzen kann, ist der, daß ersteres Salz in der Feuchtigkeit des Ackerbodens löslich und darum für die Pflanzen aufsaugbar ist, letzteres aber nicht.

Daß bei dem Versuch eine lösliche Verbindung der Phosphorsäure entstanden ist, weist man nach, indem man etwa 2 ccm des Filtrates mit 3 ccm Ammoniumnitratlösung (340 g im Liter), 1 ccm verd. Salpetersäure (spez. Gew. 1,13) und soviel Ammoniummolybdatlösung (30 g im Liter) versetzt, bis beim Erwärmen ein gelber Niederschlag von molybdänphosphorsaurem Ammonium entsteht.

---

[1]) v. Gruber, Die Superphosphatfabrikation, 1907.

Durch die Salpetersäure werden Phosphorsäure und Molybdänsäure in Freiheit gesetzt:

$$(PO_4H_2)_2Ca + 2\,NO_3H = 2\,PO_4H_3 + (NO_3)_2Ca$$

Saures Kalziumphosphat — Phosphorsäure — Kalziumnitrat

$$MoO_4(NH_4)_2 + 2\,NO_3H = MoO_4H_2 + 2\,NO_3NH_4$$

Ammoniummolybdat — Molybdänsäure

Molybdänsäure bildet mit Phosphorsäure unter Abspaltung von Wasser eine komplexe Säure, deren Zusammensetzung je nach den Bedingungen des Entstehens schwankt und ungefähr der Formel $[PO_4(MoO_3)_{12}]H_3$ entspricht; sie ist durch die Unlöslichkeit ihres Ammoniumsalzes ausgezeichnet:

$$PO_4H_3 + 12\,MoO_4H_2 = [PO_4(MoO_3)_{12}]H_3 + 12\,H_2O$$

$$[PO_4(MoO_3)_{12}]H_3 + 3\,NO_3NH_4 = [PO_4(MoO_3)_{12}](NH_4)_3 + 3\,NO_3H$$

phosphormolybdänsaures Ammonium

Versuch 58. 1 g käufliches Superphosphat wird mit 100 ccm Wasser aufgekocht. Man filtriere und prüfe wie bei Versuch 57 auf Phosphorsäure. Es entsteht derselbe gelbe Niederschlag. Da seine Zusammensetzung nicht immer ganz dieselbe ist, so kann er bei der Handelsanalyse nicht direkt gewogen werden; er dient nur zur vorläufigen Abscheidung der Phosphorsäure bei Gegenwart von Salpetersäure, weil dabei die übrigen Bestandteile des Superphosphates in Lösung bleiben und sich somit aus dem Niederschlag auswaschen lassen. Zur quantitativen Bestimmung der Phosphorsäure verfährt man folgendermaßen[1]):

Das molybdänphosphorsaure Ammonium wird nach dem Filtrieren und Auswaschen auf dem Filter durch Übergießen mit verdünntem Ammoniak gelöst, wobei Spaltung in Ammoniumphosphat und Ammoniummolybdat eintritt:

$$[PO_4(MoO_3)_{12}](NH_4)_3 + 24\,NH_4OH = PO_4(NH_4)_3 + 12\,MoO_4(NH_4)_2 + 12\,H_2O$$

---

[1]) Vergl. „Methoden zur Untersuchung der Kunstdüngemittel“, herausgegeben vom Verein deutscher Düngerfabrikanten, 1907.

Setzt man jetzt „Magnesiamixtur“ hinzu — bereitet durch Lösen von 55 g kristallisiertem Magnesiumchlorid und 70 g Chlorammonium in 1 Liter $2\frac{1}{2}$ prozentigem Ammoniak — so entsteht ein Niederschlag von Ammoniummagnesiumphosphat:

$$PO_4(NH_4)_3 + MgCl_2 = PO_4MgNH_4 + 2\ NH_4Cl$$

Ammonium-phosphat	Magnesium-chlorid	Ammonium-magnesium-phosphat	Chlor-ammonium

Ammoniummagnesiumphosphat

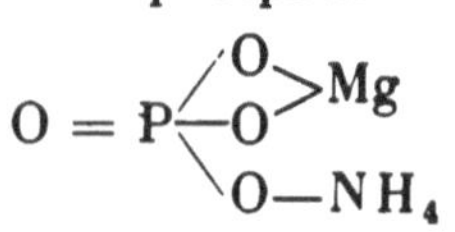

ist in ammoniakalischem Wasser fast ganz unlöslich und von konstanter Zusammensetzung. Die weitere Behandlung des Niederschlages ist Gegenstand der quantitativen Analyse.

Das Chlorammonium der Magnesiamixtur erscheint nicht in der Reaktionsgleichung. Es erfüllt lediglich die Funktion, das Magnesiumsalz in Lösung zu halten. Näheres s. bei Versuch 65.

Versuch 59. Neben dem Superphosphat ist das „Thomasmehl“ der wichtigste Phosphatdünger. Die in ihm enthaltene Verbindung von Kalzium und Phosphorsäure bedarf nicht der Aufschließung durch Schwefelsäure, sondern löst sich unter dem Einfluß von Pflanzensäuren: 2 g Thomasmehl werden mit 2 g Zitronensäure in 100 ccm Wasser aufgekocht. Man filtriert und prüft wie bei Versuch 57 auf Phosphorsäure. Gelber Niederschlag.

Thomasmehl wird durch Vermahlen der Schlacke erhalten, die als Nebenprodukt abfällt, wenn man in der Bessemerbirne, die nach Thomas und Gilchrist mit Kalk beschickt ist, Luft durch geschmolzenes Roheisen preßt. Hierbei verbrennt der im Eisen enthaltene Kohlenstoff, wodurch das Roheisen seine Sprödigkeit verliert und schmiedbar wird. Zugleich verbrennt auch der Phosphor des Roheisens zu Phosphorpentoxyd (Phosphorsäureanhydrid), welches durch den Kalk zu Tetrakalziumphosphat gebunden wird:

$$2\,P + 5\,O = P_2O_5$$

Phosphor — Phosphorpentoxyd

$$P_2O_5 + 4CaO = P_2O_9Ca_4$$

Tetrakalziumphosphat

Man kann das Salz als eine Verbindung von Trikalziumphosphat und Kalziumoxyd, $(PO_4)_2Ca_3 \cdot CaO$, auffassen. Es wird als Schlacke von dem Metallfluß abgegossen und nach dem Erkalten staubfein gemahlen. —

Ein technisch verwendetes Salz des Kalziums ist das Fluorkalzium (Flußspat), CaF_2. Es entwickelt mit Schwefelsäure erwärmt Fluorwasserstoff:

$$CaF_2 + SO_4H_2 = 2\,HF + SO_4Ca.$$

Fluorwasserstoff

Da die Phosphorite etwas Fluorkalzium enthalten, so entweicht Fluorwasserstoffgas bei der Fabrikation des Superphosphates. Es wird als Nebenprodukt aufgefangen und in wässeriger Lösung zum Einätzen von Figuren bei der Glasfabrikation benutzt, da es die Kieselsäure des Glases angreift.

5. Baryum.

Versuch 60. 5 g Schwerspat (Baryumsulfat, schwefelsaures Baryum) werden im Porzellan- oder besser im Stahlmörser gepulvert und mit 2 g Holzkohlepulver gemischt. Man fülle mit der Mischung einen kleinen Porzellantiegel, bestreue sie mit Holzkohlepulver und glühe drei Minuten lang mit aufgelegtem Deckel in der Gebläseflamme. Dann wird in wenig Wasser geworfen und filtriert. Das Filtrat enthält Baryumsulfid (Schwefelbaryum):

$$SO_4Ba + 4\,C = SBa + 4\,CO$$

Baryumsulfat — Schwefelbaryum

Durch Zusatz von verdünnter Schwefelsäure zum Filtrat entstehen Baryumsulfat und Schwefelwasserstoff:

$$SBa + SO_4H_2 = SO_4Ba + SH_2$$

Der Schwefelwasserstoff läßt sich nachweisen, indem man das Filtrat im Reagenzglas erhitzt und über die Mündung ein Stück Fließpapier hält, das vorher mit einer Lösung von essigsaurem Blei getränkt wurde. Es bildet sich schwarzes Schwefelblei:

$$Pb(CO_2CH_3)_2 + H_2S = PbS + 2\,CH_3CO_2H$$

Ebenso wie Kalzium findet sich auch das ihm ähnliche Baryum in der Natur als Karbonat (CO_3Ba, Witherit) und als Sulfat (SO_4Ba, Schwerspat). Technische Verwendung findet hauptsächlich das letztere Mineral, wobei man nach der Methode von Versuch 60 ein rein weißes und feinkörniges Baryumsulfat künstlich ausscheidet. Es dient als Malerfarbe (Blanc fixe, Permanentweiß). Gemahlener Schwerspat hat im Gegensatz zum ausgefällten Sulfat keine „Deckkraft", d. h. nicht diejenige physikalische Beschaffenheit,[1]) welche es gestattet, mit wenig Substanz große Flächen zu weißen.

Baryumsulfat wird anstatt mit Schwefelsäure auch mit Zinksulfat ausgefällt:

$$\underset{}{BaS} + \underset{\text{Zinksulfat}}{SO_4Zn} = SO_4Ba + \underset{\text{Schwefelzink}}{ZnS}$$

Das so entstandene Gemisch von Baryumsulfat und Schwefelzink kommt als Lithopon in den Handel und ist eines der meist gebrauchten weißen Pigmente.

Versuch 61. Analytische Reaktionen:

a) Verdünnte Schwefelsäure wird mit einer Lösung von Baryumchlorid versetzt. Niederschlag von Baryumsulfat:

$$BaCl_2 + SO_4H_2 = 2\,HCl + SO_4Ba$$

Wegen der Unlöslichkeit des Baryumsulfatniederschlages benutzt man diese Reaktion zum qualitativen und quantitativen Nachweis der Schwefelsäure und ihrer Salze. Das hierbei meistens verwandte Baryumchlorid wird durch Glühen von Schwerspat mit Kohle und Chlorkalzium dargestellt;

$$SO_4Ba + C = SBa + 4\,CO$$
$$SBa + CaCl_2 = CaS + BaCl_2$$

[1]) Näheres s. Ostwald, Grundlinien d. anorg. Chemie S. 641 (1904).

b) Baryumchloridlösung wird mit Ammoniak versetzt. Dabei bildet sich dasselbe Baryumhydroxyd, das bei Versuch 52 angewandt wurde, um Kohlensäure nachzuweisen.

$$BaCl_2 + 2\,NH_4OH = Ba(OH)_2 + 2\,NH_4Cl$$

Baryumhydroxyd ist in Wasser ziemlich leicht löslich; wenn daher die Lösung des Baryumchlorids nicht zu konzentriert war, so findet keine Ausscheidung von Baryumhydroxyd statt. Dagegen trübt sich das Gemisch allmählich, indem unter dem Einfluß der Luftkohlensäure Baryumkarbonat ausfällt:

$$Ba(OH)_2 + CO_3H_2 = 2\,H_2O + CO_3Ba$$

Derselbe Niederschlag entsteht sofort aus Baryumchlorid und Natriumkarbonat:

$$BaCl_2 + CO_3Na_2 = 2\,NaCl + CO_3Ba$$

c) Baryumchlorid gibt mit Natriumphosphat und Ammoniak Baryumphosphat:

$$3\,BaCl_2 + 2\,PO_4HNa_2 + 2\,NH_4OH =$$
$$(PO_4)_2Ba_3 + 4\,NaCl + 2\,NH_4Cl + 2\,H_2O$$

d) Eine Lösung von Baryumchlorid versetze man mit einer Lösung von Kaliumchromat oder Kaliumbichromat. Es fällt gelbes Baryumchromat aus:

$$BaCl_2 + \underset{\text{Kaliumchromat}}{CrO_4K_2} = \underset{\text{Baryumchromat}}{CrO_4Ba} + 2\,KCl$$

Kaliumbichromat kristallisiert besser als Kaliumchromat und ist deshalb das häufigere Handelsprodukt. Bei der Umsetzung mit Baryumchlorid zerfällt es unter dem Einfluß des Wassers:

$$\underset{\text{Kaliumbichromat}}{Cr_2O_7K_2} + H_2O = CrO_4K_2 + \underset{\text{Chromsäure}}{CrO_4H_2}$$

worauf CrO_4K_2 und $BaCl_2$ miteinander reagieren.

Baryumchromat kommt als Barytgelb in den Handel.

e) Man schütte etwas Baryumchlorid durch die wagerecht gehaltene Bunsenflamme. Sie färbt sich grün.

Baryumsalze, insbesondere das Nitrat, $Ba(NO_3)_2$, und Chlorat, $Ba(ClO_3)_2$, werden in der Feuerwerkerei benutzt. —

In den Reaktionen a, b und c ähnelt das Baryum dem Kalzium; in d und e ist es von ihm verschieden. Der größte Unterschied aber liegt darin, daß Baryumoxyd, obzwar im übrigen dem Kalziumoxyd analog, vor diesem die Eigenschaft voraus hat, beim Erhitzen in Sauerstoff ein Superoxyd zu bilden:

$$BaO + O = \underset{\text{Baryum-superoxyd}}{BaO_2}$$

Baryum ist darin dem Natrium ähnlich, dem es sich auch insofern nähert, als Baryumkarbonat sehr viel schwerer beim Glühen Kohlendioxyd abgibt, als das bei Kalziumkarbonat der Fall ist; Natriumkarbonat ist in der Glühhitze fast ganz beständig. Baryumoxyd wird technisch durch Glühen des Nitrates dargestellt:

$$Ba(NO_3)_2 = BaO + 2\,NO_2 + O.$$

Durch Zersetzen des Baryumsuperoxydes mit Salzsäure und Schwefelsäure gewinnt man technisch Wasserstoffsuperoxyd H_2O_2 (vergl. Versuch 12). —

In den analytischen Reaktionen, insbesondere in der Unlöslichkeit des Sulfates, ist das Baryum dem Radium verwandt. Die Schwierigkeit, es von dem begleitenden Baryummineral abzutrennen, und die Spärlichkeit des Vorkommens (1 Teil Radium in 10 Millionen Teilen Joachimsthaler Pechblende) bedingen den hohen Preis des Radiums, das als Bromid, $RaBr_2$ gewonnen wird, weil dieses Salz relativ am leichtesten auskristallisiert.

6. Strontium.

Versuch 62. Man verteile eine Lösung von Strontiumchlorid, $SrCl_2 . 6\,H_2O$, auf drei Reagenzgläser und füge dazu folgende Reagentien:

a) Verdünnte Schwefelsäure. Niederschlag von Strontiumsulfat:

$$SrCl_2 + SO_4H_2 = 2\,HCl + SO_4Sr$$

b) Ammoniak. Bei ausreichender Verdünnung kein Niederschlag, aber unter dem Einfluß der Luftkohlensäure fällt Strontiumkarbonat aus:

$$SrCl_2 + 2\,NH_4OH = \underset{\text{Strontium-hydroxyd}}{Sr(OH)_2} + 2\,NH_4Cl$$

$$Sr(OH)_2 + CO_3H_2 = 2\,H_2O + CO_3Sr$$

c) Sodalösung. Niederschlag von Strontiumkarbonat:

$$SrCl_2 + CO_3Na_2 = 2\,NaCl + CO_3Sr$$

Diese Reaktionen zeigen die Ähnlichkeit des Strontiums mit Baryum und Kalzium. Von den Mineralien sind auch hier das Sulfat (SO_4Sr, Zölestin) und Karbonat (CO_3Sr, Strontianit) erwähnenswert. Zölestin ist das reichlicher vorkommende. Es wird durch Reduktion mit Kohle:

$$SO_4Sr + 4\,C = SSr + 4\,CO,$$

Einleiten von Kohlensäure in die Lösung des Sulfides:

$$SSr + CO_3H_2 = SH_2 + CO_3Sr$$

und starkes Glühen des ausgefallenen Karbonates:

$$CO_3Sr = CO_2 + SrO$$

in Strontiumoxyd verwandelt, welches mit Wasser Strontiumhydroxyd (Ätzstrontian), $Sr(OH)_2 \cdot 8H_2O$ gibt. Dessen Verwendung ist eine ganz spezielle: es dient zur Ausfällung desjenigen Zuckers, der bei der Aufarbeitung des Rübensaftes in der „Melasse“, dem von den Zuckerkristallen abgeschleuderten unreinen Syrup, zurückbleibt. Das abgeschiedene und ausgewaschene Bistrontiumsaccharat, $C_{12}H_{22}O_{11} \cdot 2SrO$, gibt beim Zerlegen mit Kohlensäure Strontiumkarbonat und Zucker.

Versuch 63. Man befeuchte einige Gramm zerfaserten Asbest[1]) in einer Porzellanschale mit einer Lösung von Strontiumchlorid, füge Alkohol hinzu und entzünde ihn. Die Flamme färbt sich rot, daher die Anwendung des Salzes in der Feuerwerkerei.

---

[1]) Heumann-Kühling, Experimentalchemie S. 266. Der Versuch gelingt auch ohne Asbest, aber weniger schön.

7. Magnesium.

Versuch 64. Grob gepulverter Magnesit (Magnesiumkarbonat, kohlensaures Magnesium) wird einige Minuten im Porzellantiegel über dem Bunsenbrenner geglüht. Nach dem Erkalten lege man ein Stückchen auf befeuchtetes rotes Lackmuspapier. Dasselbe färbt sich durch die Wirkung des Magnesiumhydroxydes blau.

$$\underset{\text{Magnesium-karbonat}}{CO_3Mg} = CO_2 + \underset{\text{Magnesium-oxyd}}{MgO}$$

$$MgO + H_2O = \underset{\text{Magnesiumhydroxyd}}{Mg(OH)_2}$$

Diese Reaktion zeigt die Ähnlichkeit des Magnesiumkarbonates mit dem Kalziumkarbonat. Der Unterschied liegt darin, daß Magnesiumhydroxyd viel weniger leicht löslich ist als Kalziumhydroxyd.

Dasselbe Magnesiumhydroxyd fällt aus, wenn man die Lösung von Magnesiumchlorid oder Magnesiumsulfat mit Natronlauge versetzt:

$$MgCl_2 + 2\,NaOH = Mg(OH)_2 + 2\,NaCl$$

Magnesit und Dolomit ($CO_3Mg.\ CO_3Ca$) werden gebrannt und wegen ihrer Beständigkeit gegen Weißglut zum Ausfüttern solcher Öfen und Bessemerbirnen verwandt, in denen man Roheisen von Kohlenstoff und Phosphor befreit (vergl. die Erläuterung zu Versuch 59).

Versuch 65. Eine Lösung von Magnesiumchlorid wird mit Ammoniak versetzt. Niederschlag von Magnesiumhydroxyd:

$$MgCl_2 + 2\,NH_4OH = Mg(OH)_2 + 2\,NH_4Cl$$

Auf Zusatz von Chlorammonium geht der Niederschlag wieder in Lösung:

$$Mg(OH)_2 + 2\,NH_4Cl = MgCl_2 + 2\,NH_4OH$$

Die zweite Gleichung ist die Umkehrung der ersten. Die Reaktion kann also sowohl in dem einen als auch in dem entgegengesetzten Sinne stattfinden. Man bezeichnet solche Reaktionen als „rückläufige" und deutet die Möglichkeit des nach zwei Richtungen verlaufenden Umsatzes durch Pfeile an:

$$MgCl_2 + 2\,NH_4OH \rightleftarrows Mg(OH)_2 + 2\,NH_4Cl$$

Welche von den beiden Reaktionen das Übergewicht gewinnt, hängt davon ab, ob Ammoniumhydroxyd oder Chlorammonium im Überschuß zugegen ist. Setzt man letzteres von vorneherein in genügender Menge hinzu, so gibt Ammoniumhydroxyd keinen Niederschlag. Hiervon wird bei Bereitung der Magnesiamixtur und der Bestimmung der Phosphorsäure Gebrauch gemacht (s. Versuch 58). Der dabei erhaltene Niederschlag von Magnesiumammoniumphosphat ist zugleich die beste Form zur quantitativen Abscheidung des Magnesiums bei der Analyse:

Man versetze die ammoniakalische Lösung von Magnesiumhydroxyd in Chlorammonium mit Natriumphosphat. Aus konzentrierter Lösung fällt sofort, aus verdünnter nach einiger Zeit Magnesiumammoniumphosphat aus:

$$PO_4HNa_2 + NH_4OH = PO_4NH_4Na_2 + H_2O$$
$$PO_4NH_4Na_2 + MgCl_2 = PO_4NH_4Mg + 2\,NaCl$$

Versuch 66. Magnesiumchlorid oder Magnesiumsulfat (Bittersalz, $MgSO_4 . 7\,H_2O$) wird in Wasser gelöst und mit Sodalösung versetzt. Es fällt ein Gemisch von Magnesiumkarbonat und Magnesiumhydroxyd (basisches Karbonat, „Magnesia alba" der Apotheken) aus. Das Hydroxyd entsteht durch teilweise Hydrolyse des Karbonates.

$$SO_4Mg + CO_3Na_2 = CO_3Mg + SO_4Na_2$$
$$CO_3Mg + 2\,H_2O = Mg(OH)_2 + CO_2 + H_2O$$

oder:

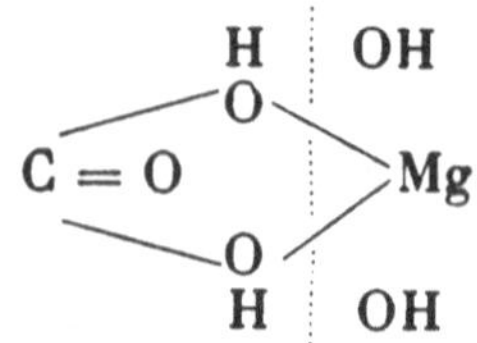

Bittersalz gewinnt man ebenso wie Magnesiumchlorid aus Staßfurter Salzen. Magnesiumsulfat und Magnesiumchlorid braucht man zum Beschweren von Wolle. Außerdem finden Magnesiumsulfat, Magnesiumoxyd und das basische Karbonat therapeutische Verwendung.

Durch Elektrolyse von geschmolzenem Staßfurter Carnallit wird Magnesium hergestellt.

Versuch 67. 10 g kristallisiertes Magnesiumchlorid, $MgCl_2 . 6\,H_2O$, werden mit 2 g Magnesiumoxyd gepulvert, und dann in einem Porzellantiegel geglüht, wobei man nach Möglichkeit mit einem Glasstab umrührt. Nach kurzer Zeit erhärtet die Masse unter Bildung von Magnesiumoxychlorid (Sorelzement):

$$\underset{\text{Magnesiumoxyd}}{MgO} + H_2O = Mg\!<\!\begin{smallmatrix}OH\\OH\end{smallmatrix}$$

$$\underset{\text{Magnesium-hydroxyd}}{Mg\!<\!\begin{smallmatrix}OH\\OH\end{smallmatrix}} + Mg\!<\!\begin{smallmatrix}Cl\\Cl\end{smallmatrix} = \underset{\text{Magnesium-oxychlorid}}{2\,Mg\!<\!\begin{smallmatrix}OH\\Cl\end{smallmatrix}}$$

Magnesiumoxychlorid ist ein basisches Salz und läßt sich mit Salzsäure aus dem Tiegel herauslösen:

$$MgCl . OH + HCl = MgCl_2 + H_2O$$

8. Aluminium.

Versuch 68. Man übergieße $^1/_{10}$ Grammatom (= 2,7 g) Aluminium in Form von Feilspänen in einem Becherglase mit derjenigen Menge verdünnter Salzsäure von bekanntem Gehalt, welche ausreicht, um das Metall als Aluminiumchlorid nach der Gleichung

$$\underset{\text{Aluminium}}{Al} + 3\,HCl = \underset{\text{Aluminiumchlorid}}{AlCl_3} + 3\,H$$

zu lösen.

Ein „Grammatom" einer Substanz ist diejenige Anzahl von Grammen, welche der Atomgewichtszahl gleich ist. Das entsprechende gilt vom „Grammmolekül". Diese Größen dienen der rechnerischen Bequemlichkeit, wie am Beispiele des Versuches 68 ersichtlich: Die Ökonomie der Synthese von Aluminiumchlorid, d. h. die vollkommene Auflösung des Metalles durch ein Minimum von Säure erfordert ein bestimmtes Gewichtsverhältnis zwischen Aluminium und Chlorwasserstoff, welches sich aus der Reaktionsgleichung und der Atomgewichtstabelle ablesen läßt. Danach werden 27,1 Gewichtsteile Aluminium von dreimal 36,46 Gewichtsteilen Chlorwasserstoff gelöst. Das Gewichtsverhältnis ergibt sich also ohne weiteres, wenn man mit Grammatomen und Grammmolekülen arbeitet, während es anderen Falles erst berechnet werden müßte.

Die Atomgewichtszahlen sind mit einer Präzision festgestellt worden, die bei manchen chemischen Operationen, besonders bei der Auswertung analytischer Resultate wesentlich sein kann. Bei einem Versuch wie dem vorliegenden dagegen hat es keinen Zweck, alle Dezimalstellen zu berücksichtigen. Man nimmt daher $^1/_{10}$ Grammatom Aluminium zu rund 2,7 g an und die Chlorwasserstoffmenge zu 3 . 3,6 = rund 11 g. Wieviel Kubikzentimeter Säure verdünnter Säure das ausmacht, muß durch vorherige aräometrische Messung festgestellt werden. Bei der im Laboratorium üblichen Konzentration hat verdünnte Salzsäure ein spezifisches Gewicht von 1,06 und enthält im Liter etwa 130 g Chlorwasserstoff. 11 g Chlorwasserstoff sind also in diesem Falle in 85 ccm enthalten.

Die Säure wird allmählich zugegeben, da die Wasserstoffentwicklung sehr stürmisch ist. Es empfiehlt sich, etwaige Flammen in unmittelbarer Nähe des Gefäßes zu löschen. Ein Teil der Substanz bleibt ungelöst, weil technisches Aluminium Verunreinigungen enthält, insbesondere Silizium.

Man filtriere die salzsaure Lösung und verwende je etwa 1 ccm davon zu folgenden Reaktionen:

a) Mit Ammoniak fällt weißes, gallertartiges Aluminiumhydroxyd, $Al(OH)_3$, aus:

$$AlCl_3 + 3\,NH_4OH = Al(OH)_3 + 3\,NH_4Cl$$

b) Mit Natriumkarbonat entsteht ebenfalls Aluminiumhydroxyd:

$$2\,AlCl_3 + 3\,CO_3Na_2 = (CO_3)_3Al_2 + 6\,NaCl$$
$$(CO_3)_3Al_2 + 3\,H_2O = 2\,Al(OH)_3 + 3\,CO_2$$

c) Dasselbe bildet sich auf Zusatz von Schwefelammonium:

$$2\,AlCl_3 + 3\,(NH_4)_2S = Al_2S_3 + 6\,NH_4Cl$$
$$Al_2S_3 + 6\,H_2O = 2\,Al(OH)_3 + 3\,SH_2$$

Aluminiumkarbonat, $(CO_3)_3Al_2$, und Aluminiumsulfid, Al_2S_3, deren Entstehen bei Reaktionen b und c angenommen wird, sind in Wasser unbeständig und werden sofort unter Bildung des Hydroxydes hydrolysiert.

d) Die Lösung des Aluminiumchlorids wird tropfenweise mit Natronlauge versetzt, bis ein Niederschlag entstanden ist. Derselbe besteht aus Aluminiumhydroxyd:

$$AlCl_3 + 3\,NaOH = Al(OH)_3 + 3\,NaCl$$

Der Niederschlag geht auf Zusatz von Salzsäure wieder in Lösung:

$$Al(OH)_3 + 3\,HCl = AlCl_3 + 3\,H_2O$$

Dabei verhält sich also Aluminiumhydroxyd wie eine Base, indem es unter Wasseraustritt ein Salz bildet.

In einem anderen Reagenzglas erzeuge man ebenfalls mit Natronlauge Aluminiumhydroxyd, füge dann aber noch mehr Natronlauge hinzu und rühre gleichzeitig mit einem

Glasstab um. Auch in diesem Fall löst sich der Niederschlag auf, wobei Natriumaluminat, $Al(OH)_2ONa$, entsteht:

$$Al\begin{cases}OH\\OH\\OH\end{cases} + NaOH = Al\begin{cases}OH\\OH\\ONa\end{cases} + H_2O$$

Aluminiumhydroxyd verhält sich also in diesem Falle wie eine Säure, da ein Wasserstoffatom durch Natrium ersetzt wird. Durch weiteren Zusatz von Natronlauge lassen sich auch die übrigen Wasserstoffatome gegen Natriumatome austauschen:

$$Al(OH)_3 + 3\,NaOH = Al(ONa)_3 + 3\,H_2O$$

Die Lösung ist nicht vollkommen klar. Das kann zum Teil daher rühren, daß im Aluminium etwas Eisen vorhanden war, das durch die Salzsäure als Ferrochlorid, $FeCl_2$, gelöst und durch die Natronlauge als Ferrohydroxyd, $Fe(OH)_2$, niedergeschlagen wurde. Zum Teil aber liegt der Grund der Trübung in dem Auftreten von kolloidal gelöstem Aluminiumhydroxyd; dieses bleibt neben dem Natriumaluminat bestehen, weil die Azidität des Hydroxydes eine sehr geringe ist und seine Auflösung durch Natronlauge gemäß dem Schema

$$Al(OH)_3 + 3\,NaOH \rightleftarrows Al(ONa)_3 + 3\,H_2O$$

bis zu einem gewissen Grade rückläufig wird.

Kolloidale Lösungen nennt man solche, in denen die Moleküle der gelösten Stoffe zu größeren Aggregaten vereinigt sind. Bei hoher Konzentration entstehen Gallerten. Der gelöste Stoff heißt Kolloid im Gegensatz zum Kristalloid. Letztere Bezeichnung gilt für die normal lösbaren und kristallisierbaren Substanzen. Kolloide, wie z. B. Eiweiß, Stärke, Gummi, Aluminiumhydroxyd u. a., kristallisieren nicht. Die Eigentümlichkeiten kolloidaler Lösungen und der in ihnen stattfindenden Reaktionen sind Gegenstand neuerer Forschung und bedingen wahrscheinlich viele Besonderheiten bei den Vorgängen in lebenden Organismen, da diese großenteils aus Kolloiden bestehen. Auf der Durchlässigkeit poröser Wandungen für Kristalloide und ihrer

Undurchlässigkeit für Kolloide beruht die Gewinnung des Rübenzuckers durch Osmose: beim Auslaugen der Rübenschnitzel diffundiert der kristalloide Zucker durch die Zellwandungen in das umgebende Wasser, das kolloidale Pflanzeneiweiß und sonstige „Nichtzuckerstoffe" bleiben zurück, weil die Molekülaggregate die Poren nicht passieren können.

Versuch 69. Man erwärme in einem Reagenzglase einige Aluminiumspäne mit verdünnter Natronlauge. Das Metall löst sich unter Wasserstoffentwicklung.

$$Al + 3\,NaOH = Al(ONa)_3 + 3\,H$$

Hierbei entsteht ebenso wie beim Lösen von Aluminiumhydroxyd in Natronlauge Natriumaluminat.

Versuch 70. 5 g Bauxit, $Al_2O_5H_4$, werden fein gepulvert mit 6 g kalzinierter Soda im Porzellantiegel innig gemischt und 10 Minuten lang im Gebläse geglüht, wobei unter Entweichen von Kohlendioxyd und Wasser Natriumaluminat entsteht. Dasselbe hat zum Teil die Formel $AlONa(OH)_2$ (s. Versuch 68d), zum anderen Teil die um ein Molekül Wasser ärmere:

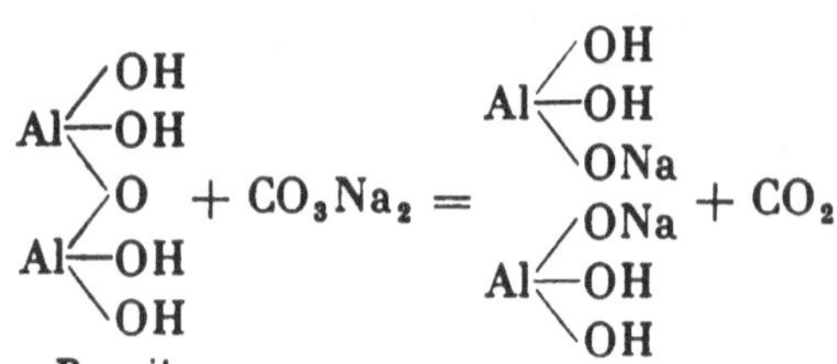

Bauxit

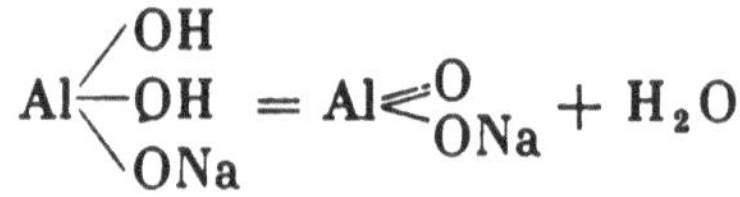

Das Mineral Bauxit kann man als Aluminiumhydroxyd auffassen, bei dem sich zwei Moleküle durch Austritt von Wasser verkettet haben:

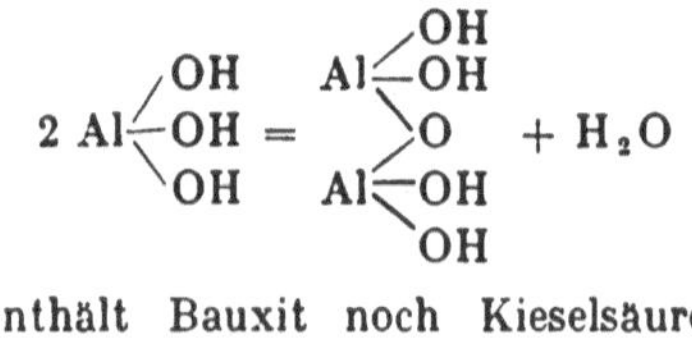

Außerdem enthält Bauxit noch Kieselsäure und Eisenoxyd.

Die Aufschließung des Bauxits erfordert eine sorgfältige Regelung der Gebläseflamme. Gas und Luft müssen so bemessen sein, daß der Tiegel hellrot erglüht und ausgiebig umspült wird. Da das meistens nur an der Stelle eintritt, auf welche die Flamme direkt aufprallt, so verändere man von Minute zu Minute die Lage des Tiegels und verrühre den Inhalt gelegentlich mit einem Eisendraht.

Das geglühte Gemisch wird nach vollkommenem Erkalten mit etwa 100 ccm Wasser ausgelaugt und filtriert. Zum Erkalten genügen etwa 10 Minuten. Es empfiehlt sich, mit dem Auslaugen nicht wesentlich länger zu warten, da das entstandene Natriumaluminat mit der Zeit unter Bildung von unlöslichem Aluminiumhydroxyd zerfällt.

Beim Filtrieren bleiben Eisenoxyd und Kieselsäure im Rückstand. Im Filtrat befindet sich Natriumaluminat. Durch Einleiten von Kohlensäure in die Lösung erhält man einen weißen Niederschlag von Aluminiumhydroxyd:

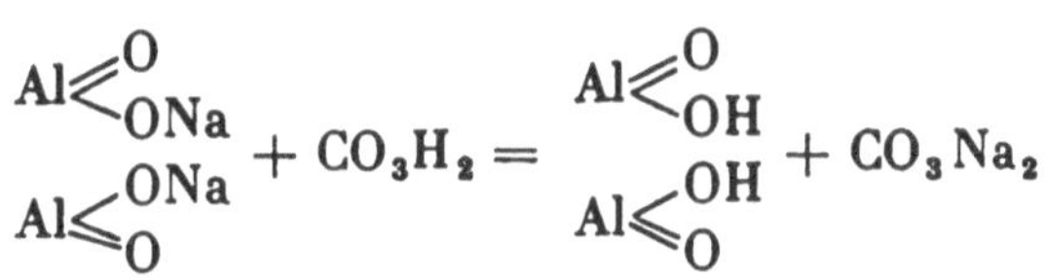

$$2\,AlO\,.\,OH + 2\,H_2O = 2\,Al(OH)_3$$

Der Niederschlag wird für Versuch 71 aufbewahrt.

Das so gewonnene Aluminiumhydroxyd bildet in der Technik das Rohmaterial für die Gewinnung des Aluminiums, des Aluminiumsulfates und des Alauns.

Bei der Fabrikation von Aluminium geht das Aluminiumhydroxyd durch Glühen in Aluminiumoxyd, Al_2O_3, über:

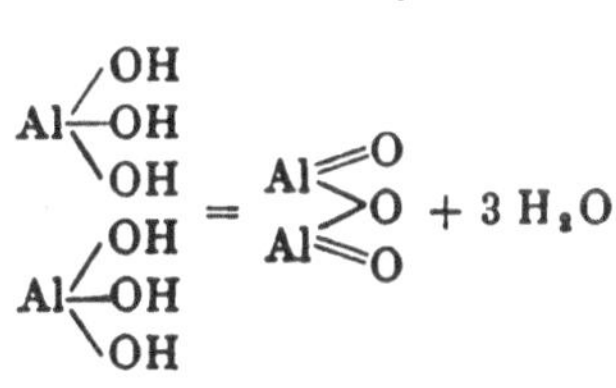

Das Aluminiumoxyd wird in geschmolzenem grönländischem Kryolith ($AlFl_6Na_3$, Natriumaluminiumfluorid, Natriumsalz des Aluminiumfluorwasserstoffs) gelöst und im elektrischen Ofen in Aluminium und Sauerstoff zerlegt.

Der technische Wert des Aluminiums beruht auf der Möglichkeit, es billig herzustellen, und auf den beiden typischen Eigenschaften der Leichtmetalle: Leichtigkeit und große Verwandtschaft zum Sauerstoff. Wegen der Leichtigkeit eignet es sich als Gerüst für Luftschiffe, seine Verwandtschaft zum Sauerstoff gestattet die Desoxydation von Stahl, d. h. die Entfernung von eingeschlossenem Sauerstoff, ferner die Gewinnung gewisser Metalle aus ihren Oxyden, die durch Kohle viel schwerer reduzierbar sind. Auf diese Weise wird bei Weißglut Chrom dargestellt:

$$\underset{\text{Chromoxyd}}{Cr_2O_3} + 2\,Al = \underset{\text{Aluminiumoxyd}}{Al_2O_3} + \underset{\text{Chrom}}{2\,Cr}$$

desgleichen Mangan.

Daß Aluminiumgegenstände trotz der Leichtigkeit, mit der das Metall sich oxydiert, blank erscheinen, rührt daher, daß sie mit einer unsichtbaren Schicht von Aluminiumoxyd bedeckt sind, die das darunter Liegende schützt.

Versuch 71. Darstellung von Aluminiumsulfat. Das bei Versuch 70 gewonnene Aluminiumhydroxyd wird durch Filtrieren von der Flüssigkeit getrennt und ausgewaschen.

Das sorgfältige Auswaschen von Niederschlägen ist eine beim chemischen Arbeiten oft wiederkehrende Operation und zur Erhaltung reiner Präparate notwendig. Im vorliegenden Falle muß das Natriumkarbonat, das beim Aufschließen des Bauxits entstanden ist (s. oben die Reaktionsgleichung) vollkommen entfernt werden, da man anderen Falles kein reines Aluminiumsulfat erhält.

Das Auswaschen kann durch oftmaliges Übergießen des Niederschlages mit heißem Wasser auf dem Filter geschehen, was bei kristallinischen Niederschlägen schnell von statten geht. Bei einem kolloidalen Niederschlag aber, welcher gelöste Salze zähe festhält, kommt man rascher zum Ziele, wenn man die Spitze des Filters mit einem Drahte durchstößt, den Niederschlag mit der Spritzflasche in ein Becherglas spült und hier mit etwa 300 ccm Wasser unter Umrühren bis zum Sieden erhitzt. Man läßt darauf den Niederschlag absitzen und „dekantiert“ die Lösung, d. h. man gießt sie ohne Aufrührung des Bodensatzes durch ein Filter ab. Darauf erst wird auch der Bodensatz aufs Filter gebracht und nach vollkommenem Abtropfen des Flüssigen wie vorhin mit der Spritzflasche in ein Becherglas gespült. Wenn das Auswaschen gut gelungen ist, so darf Lackmuspapier durch die Flüssigkeit nicht oder nicht erheblich gebläut werden.

Das im Wasser suspendierte Aluminiumhydroxyd bringe man in der Siedehitze durch tropfenweisen Zusatz von verdünnter Schwefelsäure in Lösung:

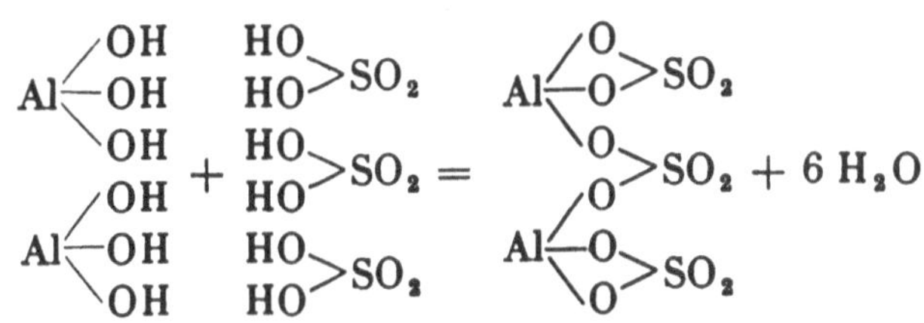

oder

$$2\,Al(OH)_3 + 3\,SO_4H_2 = Al_2(SO_4)_3 + 6\,H_2O$$

Aluminium-sulfat

Die Lösung des Aluminiumsulfats wird auf dem Wasserbad in einer Schale eingedampft. Schalen eignen sich dafür besser als Bechergläser, weil an der letzteren Wandungen eine teilweise Kondensation des verdampfenden Wassers stattfindet.

Sobald sich eine kristallinische Haut auf der Oberfläche der verdampfenden Lösung zeigt, läßt man sie erkalten. Es scheidet sich beim Umrühren mit einem Glasstab festes Aluminiumsulfat, $Al_2(SO_4)_3$ mit 18 Molekülen Kristallwasser aus. Die Kristalle sind nicht gut ausgebildet, wodurch die reinliche fabrikatorische Ausscheidung erschwert wird. Das ist der Grund, weshalb man in der Technik das Aluminiumsulfat in Alaun überführt.

Versuch 72. Darstellung von Alaun aus „äquimolekularen" Mengen Aluminiumsulfat und Kaliumsulfat; man versteht darunter Mengen, die im Verhältnis ihrer Molekulargewichte stehen, also z. B. je $^1/_{20}$ Grammolekül:

33 g Aluminiumsulfat werden in 40 ccm Wasser

und

9 g Kaliumsulfat in 50 ccm Wasser

gelöst, wobei man den Lösungsvorgang durch vorheriges feines Pulvern der Substanzen und durch schwaches Erwärmen unterstützt. Etwaige ungelöst bleibende Substanz wird durch Filtrieren entfernt. Beim Vereinigen der klaren Lösungen bilden sich nach einiger Zeit Kristalle von Alaun $(SO_4)_2AlK$ (Kaliumaluminiumsulfat) mit 12 Molekülen Kristallwasser:

$$Al_2(SO_4)_3 + K_2SO_4 = 2\,(SO_4)_2AlK$$

oder

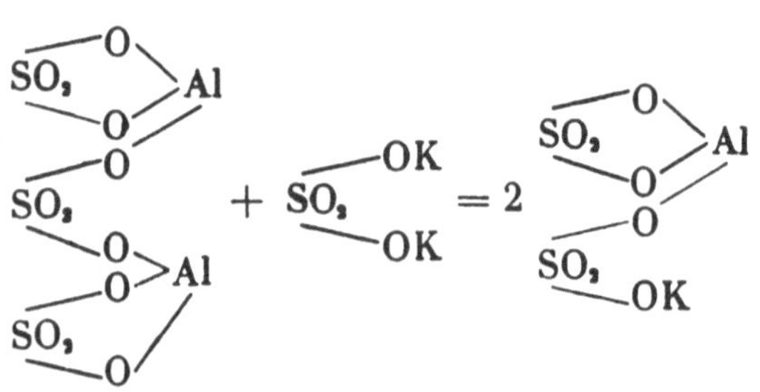

Die Kristalle werden durch Filtrieren gesammelt und auf Fließpapier getrocknet. Die Ausbeute beträgt etwa 30 g. Aluminiumsulfat und Alaun reagieren in Lösung sauer, weil sie zum Teil hydrolytisch in Schwefelsäure und Aluminiumhydroxyd zerfallen.

Das theoretische Maximum der Ausbeute einer Reaktion ergibt sich aus der Reaktionsgleichung und den Molekulargewichten der Ausgangs- und Endprodukte. Das Molekulargewicht ist

für $Al_2(SO_4)_3 \cdot 18\,H_2O = 667$,
für $AlK(SO_4)_2 \cdot 12\,H_2O = 475$.

Die Alaunmenge x, die theoretisch aus 33 g Aluminiumsulfat erhältlich ist, wird aus der Gleichung

$$\frac{x}{33} = \frac{2 \cdot 475}{667}$$

berechnet, wonach x = 46,98 g. Wenn also die tatsächliche Ausbeute 30 g betrug, so war das 63,8 % der Theorie.

Derartige Rechnungen nennt man nach einem griechischen Wort „stöchiometrische" (bestandteilbemessende). Sie fußen auf dem Gesetze, daß die Bestandteile chemischer Verbindungen, im Gegensatz zu denen von Lösungen und Gemischen, stets in bestimmten Gewichtsverhältnissen zueinander stehen. Kennt man das Verhältnis, so läßt sich bemessen, welche Mengen im Minimum vereinigt werden müssen, um ein bestimmtes Quantum einer Substanz aus ihren Komponenten aufzubauen. So brauchte man bei Versuch 72 zur Darstellung von 47 g Alaun wenigstens 33 g Aluminiumsulfat und 9 g Kaliumsulfat.

Wie das Versuchsergebnis zeigt, wird die theoretische Ausbeute nicht erreicht; es müßte mehr von jenen Materialien genommen werden, wenn 47 g Alaun entstehen sollten. Die stöchiometrische Berechnung läßt also praktisch nur erkennen, wieviel im besten Falle erhalten werden kann. Dieses Optimum stellt sich bei manchen Reaktionen ein, bei anderen dagegen nicht, weil entweder neben der gewünschten Reaktion noch andere stattfinden, die zu Nebenprodukten führen, oder weil die darzustellende Substanz sich nicht quantitativ ausscheidet, wie im Falle des Alaunes. Es fragt sich dann, ob es lohnend ist, durch Eindampfen weitere Mengen zu gewinnen.

Hieraus folgt: Der fabrikatorische Wert einer chemischen Reaktion richtet sich

1. nach dem Einstandspreis der Rohstoffe,
2. nach dem Verkaufswert des Endproduktes,
3. nach der Ausbeute. —

Aluminiumsulfat und Alaun dienen hauptsächlich zum Gerben und zum Färben. Gerben nennt man die Behandlung der Häute mit solchen Stoffen, die sie schmiegsam machen und vor Fäulnis schützen. Beim Färben wirken die Aluminiumverbindungen als „Beize", ein Wort, dessen technische Bedeutung die ist, daß die betreffende Substanz die Vereinigung von Farbstoff und Faser vermittelt.

Versuch 73. 4 g Alaun und 4 g Natriumazetat (essigsaures Natrium), $CH_3CO_2Na \cdot 3\,H_2O$, werden zusammen in 50 ccm kaltem Wasser gelöst und dann erwärmt.

Es entsteht durch Hydrolyse eine Gallerte von basisch essigsaurem Aluminium:

$$(SO_4)_2KAl + 3\,CH_3CO_2Na = SO_4Na_2 + SO_4KNa + \underset{\text{Aluminiumazetat}}{Al(CO_2CH_3)_3}$$

$$Al(CO_2CH_3)_3 + 2\,H_2O = \underset{\text{basisches Aluminiumazetat}}{Al\begin{cases}OH\\OH\\(CO_2CH_3)\end{cases}} + \underset{\text{Essigsäure}}{2\,CH_3CO_2H}$$

Zu der Gallerte füge man eine Messerspitze (etwa 0,1 g) gepulverten Gips und 75 ccm einer einprozentigen Suspension von Alizarin, die vorher durch Auffüllen von 10 ccm der 20 prozentigen technischen Paste auf 200 ccm dargestellt wurde. Das Ganze wird bis zum Sieden erhitzt, wobei ein tiefroter Farblack entsteht, dessen Zusammensetzung wechselt, so daß eine bestimmte Reaktionsgleichung nicht aufgestellt werden kann.

In den Färbereien werden die Stoffe mit hydrolysierbaren Aluminiumsalzen imprägniert und dann in warmen und feuchten Räumen aufgehangen, wodurch sich basisches Salz auf der Faser niederschlägt. Beim nachfolgenden Ausfärben in Alizarin entsteht der Farblack auf der Faser[1]).

Der Zusatz von Gips oder anderen Kalziumsalzen erhöht die Tiefe des Farbtones.

Da nur eine schwache Säure wie die Essigsäure die hydrolytische Abscheidung der Beize gestattet, und auf der Darstellung der betreffenden Farblacke die ausgedehnte Technik der Alizarinfarbstoffe beruht, so ist die Essigsäure von großer technischer Bedeutung. Sie wird hauptsächlich durch Destillation von Holz gewonnen. In freiem Zustand sowie in Form ihrer Salze erkennt man sie an folgender Reaktion:

Versuch 74. Einige Kristalle von essigsaurem Natrium werden mit etwa 1 ccm Alkohol und 2 ccm konz. Schwefelsäure erwärmt. Die Mischung nimmt einen charakteristischen obstartigen Geruch an, der auf Abspaltung von Wasser

[1]) Über Methoden zum Färben im Unterrichtslaboratorium s. A. Binz, Verwendung der wichtigeren organischen Farbstoffe, 1905.

durch die Schwefelsäure und der Bildung von „Essigäther“ beruht:

$$CH_3CO_2H + C_2H_5 . OH = CH_3CO_2 . C_2H_5 + H_2O$$

Essigsäure Alkohol Essigäther

Versuch 75. 10 g feingemahlener Portlandzement werden mit 10 ccm Wasser verrührt. Die Masse erhärtet je nach der Art des Fabrikates im Laufe von Minuten oder von Stunden. Durch Übergießen mit etwa 50 ccm verdünnter Salzsäure löst sich der erhärtete Zement wieder auf. Die Lösung zeigt die gelbe Farbe des Eisenchlorids, enthält im übrigen Aluminiumchlorid und Kieselsäure, welch letztere sich zum Teil als flockige Gallerte abscheidet.

Aluminium findet sich in besonders reichen Mengen an Kieselsäure gebunden. Von den betreffenden Mineralien ist der Ton am wichtigsten, da er den Hauptrohstoff für die Fabrikation des Portlandzementes, für die Keramik und für die Darstellung des Ultramarins bildet.

Ton hat in reinem Zustand die Formel $Al_2O_3 . 2\,SiO_2 . 2\,H_2O$, die man so auffassen kann, als habe sich Kieselsäure, SiO_3H_2, mit Aluminiumhydroxyd unter Austritt von Wasser vereinigt:

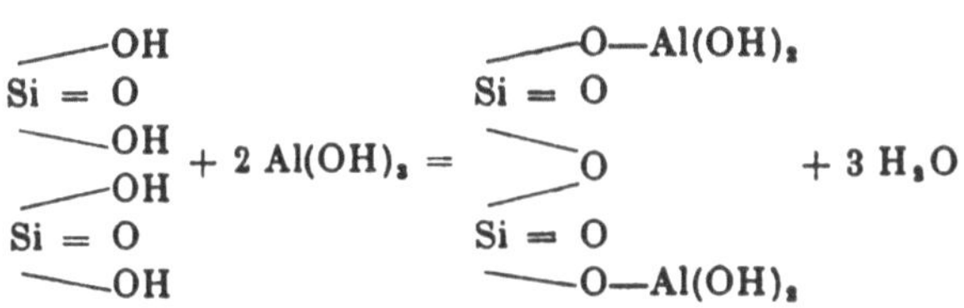

Aluminiumhydroxyd als die eine Komponente des Tones wird auch als „Tonerde“ bezeichnet.

Zement fabriziert man durch Brennen eines Gemisches von etwa 1 Teil eisenhaltigem Ton mit 3 Teilen Kalziumkarbonat. Welche Reaktionen beim Brennen stattfinden, und auf welcher Reaktion die Erhärtung mit Wasser beruht, ist nicht vollkommen aufgeklärt.

Die Rolle des Tones in der Keramik[1]) beruht wesentlich darauf, daß Ton „plastisch“ ist, d. h. sich mit Wasser zu einer

[1]) Granger, La Ceramique industrielle, 1905. — R. Dietz, Das Porzellan, 1907. — R. Dietz, Steinzeug, Steingut und Töpferwaren, 1907.

bildsamen Masse anteigen läßt. Nach dem Formen der Ware wird dieselbe gebrannt, wobei sie unter Abgabe des mechanisch und des chemisch gebundenen Wassers fest wird. Bei dem edelsten keramischen Erzeugnis, dem Porzellan, ist die gebrannte Masse von geschmolzenem Feldspat ($K_2O . Al_2O_3 . 6 SiO_2$ und $Na_2O . Al_2O_3 . 6 SiO_2$) durchdrungen.

Versuch 76. 20 g Ultramarin werden mit 20 ccm Wasser verrührt und mit soviel Salzsäure versetzt, daß die blaue Farbe verschwindet, wozu etwa 20 ccm verdünnter Säure erforderlich sind. Man koche die Mischung einige Minuten, wobei Schwefelwasserstoff entweicht, verdünne mit noch 40 ccm Wasser und filtriere. Im Rückstand befinden sich Schwefel, Ton und Kieselsäure, im Filtrat ebenfalls Kieselsäure und außerdem Aluminiumchlorid.

Bei der Fabrikation des Ultramarins glüht man Ton mit Soda, Kohle und Schwefel. Die Analysen ergeben ungefähr die Formel $Si_5Al_6Na_6S_4O_{20}$, indessen ist die Einheitlichkeit des entstehenden Produktes zweifelhaft. Man braucht Ultramarin in großem Maßstabe zum Bläuen von weißen Gegenständen der verschiedensten Art, wie Papier, Stärke, Wäsche und vor allem von bedruckten Kattunen, welche kleine Muster auf weißem Grunde zeigen. Hierbei wird ein bläuliches Weiß erzielt, das dem Auge als ein besonders reines Weiß erscheint.

Durch Behandeln mit Salzsäure wird der Ultramarin in seine Komponenten gespalten, wobei der Ton zum Teil ungelöst bleibt, zum Teil in Aluminiumchlorid und Kieselsäure zerfällt:

$$Si_2O_5 . 2\,Al(OH)_2 + 6\,HCl = 2\,AlCl_3 + \underset{\text{Orthokieselsäure}}{2\,Si(OH)_4} + H_2O$$

Die Tatsache, daß sich die Kieselsäure zum Teil im Rückstand, zum Teil im Filtrat findet, zeigt, daß Kieselsäure in verschiedenen Formen vorkommt. Man kennt

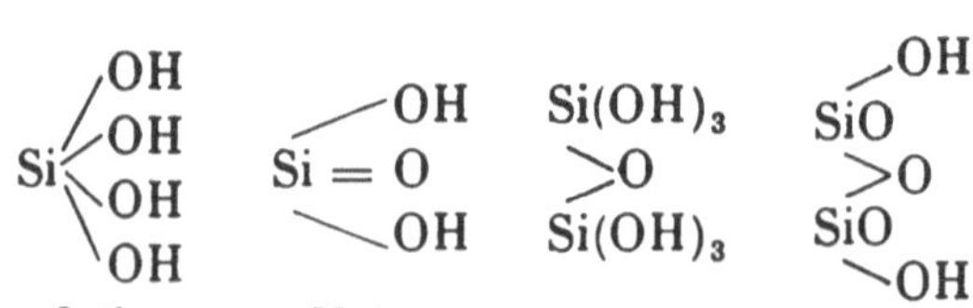

Ortho-kieselsäure Meta-kieselsäure Dikieselsäuren

und andere „Polykieselsäuren", die durch Abspaltung von Wasser und Verkettung mehrerer Moleküle entstehen. Diese Substanzen lassen sich nicht in reinem Zustande darstellen, sondern werden stets als Gemische erhalten, deren Komponenten je nach dem Grade der Anhydrisierung kolloidal in Wasser löslich oder unlöslich sind, und zwar sinkt die Löslichkeit durch die molekulare Abspaltung von Wasser. Man kann darum lösliche Kieselsäure durch Austreiben des Wassers in unlösliche überführen.

Das Filtrat von Versuch 76 wird auf dem Wasserbade vollkommen zur Trockne gedampft, wobei die Löslichkeit erheblich abnimmt, ohne ganz zu verschwinden. Um letzteres zu erreichen, befeuchte man den Rückstand mit konz. Salzsäure und dampfe wiederum zu Trockne. Die zurückbleibende Kieselsäure entspricht, wenn man gründlich bei etwa 100° getrocknet hat, der Zusammensetzung

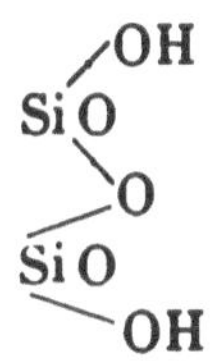

und löst sich nicht mehr. Durch weiteres Erwärmen bis auf Rotglut würde Kieselsäureanhydrid, SiO_2, entstehen.

Zum Nachweis des Aluminiums im Filtrat des zersetzten Ultramarins nehme man den Rückstand mit verdünnter Salzsäure auf und filtriere. Auf dem Filter befindet sich die Kieselsäure, im Filtrat Aluminiumchlorid, das auf Zusatz von Ammoniak einen weißen Niederschlag von Aluminiumhydroxyd gibt:

$$AlCl_3 + 3\,NH_4OH = Al(OH)_3 + 3\,NH_4Cl$$

Die unlöslich ausgeschiedene Kieselsäure läßt sich durch Kochen mit Soda wieder auflösen. Das so entstehende kieselsaure Natrium ist in dem käuflichen „Wasserglas" enthalten, das durch Schmelzen von Quarz mit Soda und Auflösen in Wasser erhalten wird und zu Herstellung von Kitten und zum Füllen minderwertiger Seifen dient.

Versuch 77. Man versetze Wasserglas mit konz. Salzsäure. Ausscheidung eines Gemisches verschiedener Kieselsäuren.

9. Cerium und Thorium.

Versuch 78. Ein kleines Stück Baumwollgewebe mache man durch Hineinschneiden eines Loches kenntlich und tränke es mit einer Lösung von 5 g Thoriumnitrat, $Th(NO_3)_4 \cdot 6\,H_2O$, in 10 ccm Wasser. In ein zweites Stück schneide man zwei Löcher und tränke es mit einer Lösung von 1 g Ceriumnitrat, $Ce(NO_3)_3 \cdot 6\,H_2O$, in 20 ccm Wasser. Ein drittes, mit drei Löchern versehenes Stück Gewebe wird in die 10 ccm Thoriumnitratlösung hineingebracht, nachdem diese vorher mit 1 ccm der Ceriumnitratlösung gemischt wurden. Die Durchlochung dient als Bezeichnung.

Die Gewebestücke werden an Drähten aufgehangen, ohne daß sie sich berühren, und bei 100° in den „Trockenkasten" gebracht. Nach dem Trocknen wird die Faser abgebrannt, wobei sich die Nitrate zersetzen und ein Gerüst von Thoriumdioxyd, ThO_2, und Ceriumdioxyd, CeO_2, zurücklassen:

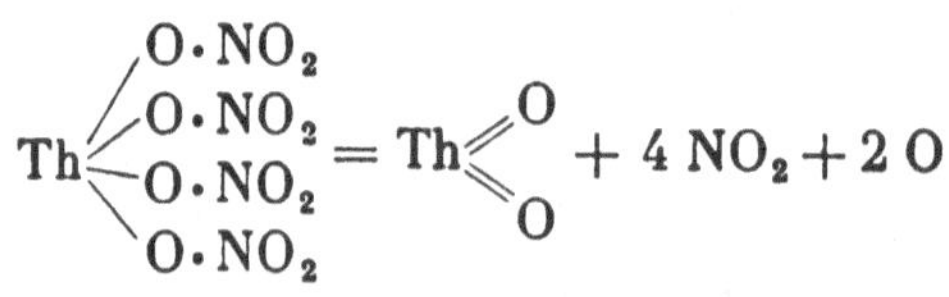

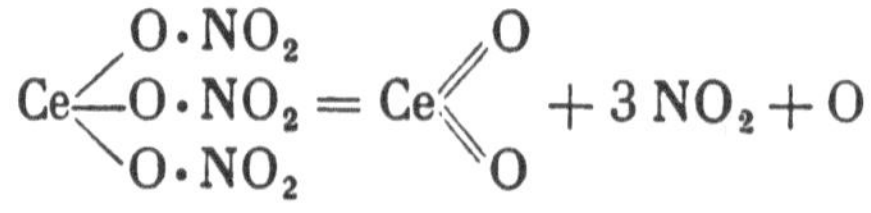

Die Sauerstoffabgabe kann schon während des Trocknens zu einer teilweisen Verkohlung der Faser führen.

Bringt man die drei Rückstände, die sehr zerbrechlich sind, vorsichtig in die nicht leuchtende Bunsenflamme, so strahlt die Mischung von Thoriumdioxyd mit 1% Ceriumdioxyd das blendende *Auerlicht* aus; die anderen Rückstände leuchten ebenfalls, aber viel schwächer.

Bei der Glühkörperfabrikation nimmt man der Ware für den Transport ihre Zerbrechlichkeit, indem man sie in der Preßgasflamme schwach zusammenfrittet und dann noch mit einer Hülle von Kollodium überzieht.

Cerium und Thorium sind als Phosphate im *Monazitsand* enthalten, einem Mineral, von dem man früher annahm, es komme nur vereinzelt vor (daher der dem Griechischen entlehnte Name), das man aber reichlich gefunden hat, seit der Bedarf dazu zwang, es zu suchen.

Das Prinzip der Aufarbeitung des Monazitsandes besteht darin, daß man ihn mit Schwefelsäure erwärmt und aus der so erhaltenen Lösung, welche die Sulfate verschiedener Metalle enthält, das Thorium und Cerium in Form ihrer Oxalate ausfällt und durch ihre verschiedene Löslichkeit in Soda trennt.

Versuch 79. Reaktionen der Cerium- und Thoriumsalze.

a) Eine Lösung von Ceriumnitrat versetze man mit Oxalsäurelösung. Weißer Niederschlag von *Cerooxalat*, unlöslich in Sodalösung.

$$2\,Ce(NO_3)_3 + 3\,C_2O_4H_2 = (C_2O_4)_3Ce_2 + 6\,NO_3H$$

Oxalsäure Ceriooxalat

oder

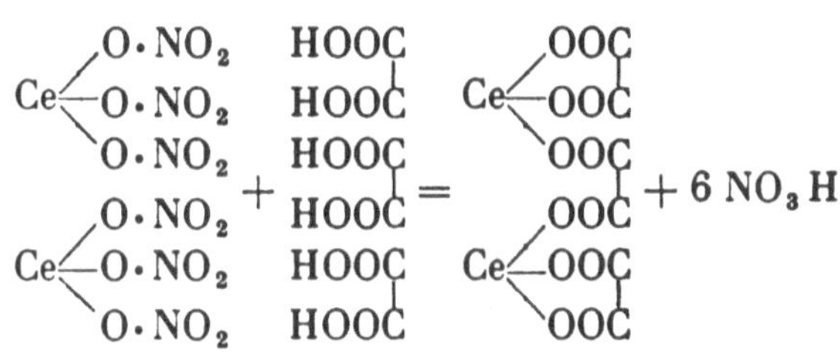

b) Cernitrat wird mit Natronlauge als *Cerohydroxyd* gefällt:

$$Ce(NO_3)_3 + 3\,NaOH = Ce(OH)_3 + 3\,NO_3Na$$

Der anfangs weiße Niederschlag gibt beim Schütteln mit Luft rötlich braunes *Cerihydroxyd*

$$2\,Ce(OH)_3 + O + H_2O = 2\,Ce(OH)_4$$
Cerihydroxyd

Die Ceriumsalze existieren also in zwei Oxydationsstufen, die man in der Nomenklatur als Cero- und Ceriform unterscheidet. Das Ceridioxyd der Glühkörper ist das „Anhydrid" des Cerihydroxydes, d. h. es entsteht aus ihm durch Abspaltung von Wasser:

$$Ce(OH)_4 = CeO_2 + 2\,H_2O$$

c) Cersalz gibt mit Schwefelammonium einen Niederschlag von Cerohydroxyd, worin es dem Aluminium ähnelt:

$$2\,Ce(NO_3)_3 + 3\,(NH_4)_2S = Ce_2S_3 + 6\,NO_3NH_4$$
$$Ce_2S_3 + 6\,H_2O = 2\,Ce(OH)_3 + 3\,H_2S$$

d) Eine Lösung von Thoriumnitrat gibt mit Oxalsäurelösung einen Niederschlag von Thoriumoxalat, der in Soda zu Natriumthoriumkarbonat löslich ist:

$$Th(NO_3)_4 + 2\,C_2O_4H_2 = (C_2O_4)_2Th + 4\,NO_3H$$
$$(C_2O_4)_2Th + 5\,CO_3Na_2 = (CO_3)_2Th.3\,CO_3Na_2 + 2\,C_2O_4Na_2$$

e) Thoriumnitrat gibt mit Schwefelammonium ebenso wie mit Natronlauge Thoriumhydroxyd:

$$Th(NO_3)_4 + 2\,(NH_4)_2S = ThS_2 + 4\,NH_4NO_3$$
$$ThS_2 + 4\,H_2O = Th(OH)_4 + 2\,H_2S$$
$$Th(NO_3)_4 + 4\,NaOH = Th(OH)_4 + 4\,NO_3Na$$

Thorium und Cerium kann man an das Aluminium anschließen, weil sie ebenso wie dieses mit Schwefelammonium unlösliche Hydroxyde geben, die man in diesen Fällen mit Beibehaltung eines veralteten Ausdruckes „Erden" nennt, während Schwefelammonium viele andere Metalle in Form von Sulfiden ausscheidet. Ferner lassen sich Cerium und Thorium insofern den Leichtmetallen anreihen, als sie nicht nach der gewöhnlichen hüttenmännischen Methode durch Glühen mit Kohle aus ihren Verbindungen abgeschieden werden. Im übrigen gehören Cerium und Thorium ihrem spezifischen Gewicht nach zu den Schwermetallen.

II. Die Schwermetalle.

1. Zink.

Versuch 80. a) Zink in der Oxydationsflamme. Gegen ein kleines Stück Zink, das sich auf glatter Holzkohle H befindet, richte man die „oxydierende Lötrohrflamme" F (s. Fig. 5). Eine solche erhält man durch Einbringen der Lötrohrspitze L in eine nicht zu große, halb entleuchtete Bunsenflamme, die dem schrägen

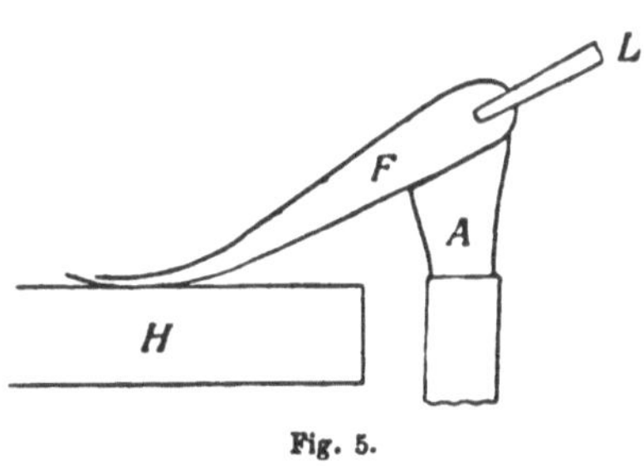

Fig. 5.

Schlitz des Brenneraufsatzes A entströmt. Die Backenmuskeln müssen wie Blasebälge Luft in die Flamme hineintreiben, so daß sie vollkommen entleuchtet wird, und noch genug Sauerstoff übrig bleibt, um das Zink zu oxydieren.

Das Metall schmilzt, verflüchtigt sich und verbrennt dabei mit blendender hellblauer Flamme:

$$\underset{\text{Zink}}{Zn} + O = \underset{\text{Zinkoxyd}}{ZnO}$$

Das entstandene Zinkoxyd bildet auf der Kohle einen Beschlag, der in der Hitze gelb, nach dem Erkalten weiß ist.

Zinkoxyd dient mit Öl gemischt als Anstrichfarbe und mit Eiweiß gemischt zum Bedrucken von Kattun. Beim Einbringen der Stoffe in Dampf gerinnt das Eiweiß und fixiert das Pigment.

b) Zinksalz in der Reduktionsflamme. Ein Stück Zinksulfat, $SO_4Zn \cdot 7\,H_2O$, mische man im Mörser mit der gleichen bis anderthalbfachen Menge kalzinierter Soda. Eine kleine Menge des Gemisches wird auf Holzkohle in ein Grübchen gelegt und mit der „reduzierenden Lötrohrflamme" (Fig. 6) behandelt. Dabei wird die Rohrspitze nicht in, sondern an die Flamme gehalten, so daß der Luftstrom der Flamme die Richtung

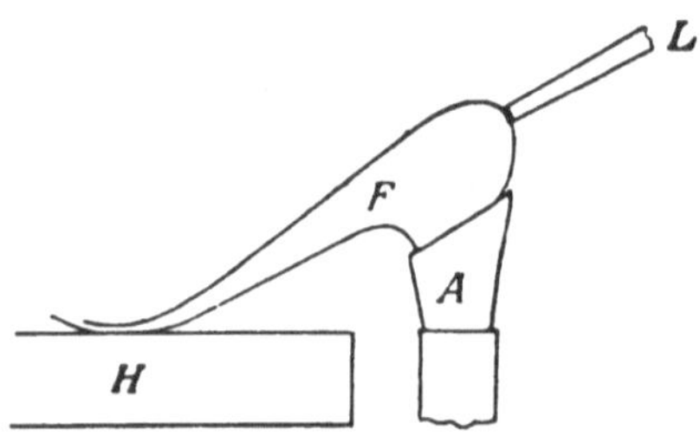

Fig. 6.

gibt, nicht aber sich gründlich mit dem Gase mischt und die Flamme infolgedessen nicht entleuchtet.

Das Salzgemisch schmilzt und gibt zuerst Zinkkarbonat, dann Zinkoxyd:

$$SO_4Zn + CO_3Na_2 = SO_4Na_2 + \underset{\text{Zinkkarbonat}}{CO_3Zn}$$

$$CO_3Zn = CO_2 + ZnO$$

Der glühende Kohlenstoff des Leuchtgases, der in der oxydierenden Lötrohrflamme vollkommen verbrannt wurde, bleibt in der reduzierenden in hinreichender Menge bestehen, um das Zinkoxyd reduzieren zu können:

$$ZnO + C = Zn$$

Das Zink verflüchtigt sich, verbrennt durch die Außenluft und erzeugt den charakteristischen Beschlag von Zinkoxyd auf der Kohle.

In den Zinkhütten wird hauptsächlich Schwefelzink, ZnS (Zinkblende), zum Teil auch Zinkkarbonat, CO_3Zn (Galmei) verarbeitet. Durch Abrösten der Blende entstehen Zinkoxyd und Schwefeldioxyd:

$$2\,ZnS + 3\,O_2 = 2\,ZnO + 2\,SO_2$$

Das Schwefeldioxyd wird wie das aus Pyrit erhaltene (s. bei Versuch 27) auf Schwefelsäure verarbeitet. Das Zinkoxyd glüht man zusammen mit Koks in Schamotteretorten, die mit kalten Vorlagen verbunden sind. In letztere destilliert das Metall über, wobei es zum Teil zu kompakten Massen, zum Teil zu Zinkstaub erstarrt.

Während bei anderen Schwermetallen der Lötrohrversuch im Prinzip mit der hüttenmännischen Gewinnung identisch ist, gibt er beim Zink ein unvollkommenes Bild, weil es sich beim Arbeiten im Kleinen nicht verhüten läßt, daß das flüchtige Metall verbrennt.

Das Zink hat also große Verwandtschaft zum Sauerstoff. Es ist ein unedles Metall und oxydiert sich schon bei gewöhnlicher Temperatur. Trotzdem ist es als Walzblech und als Überzug auf Eisen von großer Beständigkeit, weil es sich mit einer schützenden Haut von Zinkoxyd und Zinkkarbonat überzieht.

Versuch 81. Etwa 1 g Indigopulver wird in einem Reagenzglase mit einigen Tropfen Alkohol und etwas Wasser zu einem Teig angerührt, dem man noch ungefähr 20 ccm Wasser hinzugibt. Der Indigo muß vollkommen benetzt sein, was durch den Alkohol erleichtert wird. Man schüttele das Ganze so, daß der Farbstoff gleichmäßig suspendiert wird, und filtriere die Hälfte. Das Filtrat ist fast klar und der Farbstoff liegt mechanisch auf dem Papier auf, ohne es durchzufärben.

Jetzt gebe man zu der anderen Hälfte etwa 5 ccm verd. Natronlauge und 0,5 g Zinkstaub und erwärme etwa ½ Minute bis zum Sieden. Der Indigo löst sich zum Teil auf:

$$\underset{\text{Indigo}}{C_{16}H_{10}N_2O_2} + Zn + 2\,NaOH = \underset{\text{Indigweißnatrium}}{C_{16}H_{10}N_2O_2Na_2} + Zn(OH)_2$$

Beim Filtrieren läuft eine anfangs gelbliche Lösung von Indigweißnatrium durch, aus der sich unter dem Einfluß der Luft Indigo wieder ausscheidet. Dasselbe geschieht in den Poren des Filtrierpapiers, welches dadurch gefärbt wird.

Die Erklärung der Umwandlung von Indigo in Indigweißnatrium gehört in die organische Chemie. Zur Charakteristik des Zinkes interessiert hier der leichte Übergang von Sauerstoff (in Form von Hydroxylgruppen) auf das Metall, welches sich dadurch als wirksames Reduktionsmittel kennzeichnet. Das gleiche zeigt sich bei der Darstellung von Natriumhydrosulfit aus Natriumbisulfit und Zink (s. Versuch 30).

Zink reduziert in Staubform besonders rasch, weil die Oberfläche größer ist als bei der gleichen Gewichtsmenge kompakten Metalles.

Die Methode von Versuch 81 findet beim Färben von Baumwolle ausgedehnte Verwendung. Bei längerem Erwärmen des Gemisches wird der Indigo vollkommen gelöst („verküpt"). An Stelle von Natronlauge nimmt man in der Praxis meist Kalk.

Versuch 82. Einige Gramm gewöhnliches Zink, nicht chemisch reines, werden mit etwa 10 ccm verdünnter Salzsäure übergossen, wobei unter stürmischer Wasserstoffentwicklung Chlorzink, $ZnCl_2$, in Lösung geht:

$$Zn + 2\,HCl = ZnCl_2 + 2\,H$$

Chemisch reines Zink löst sich in Säure nur schwierig; der Wasserstoff wird von der Zinkoberfläche festgehalten, wodurch die Reaktion zum Stillstand kommt. Sind aber andere Metalle, wenn auch nur in minimalen Mengen zugegen, so entwickelt sich an ihnen das Gas, und das Zink löst sich auf.

Die erhaltene Lösung von Chlorzink wird nach beendeter Wasserstoffentwicklung mit etwas Wasser verdünnt, vom Ungelösten abfiltriert und in einzelnen kleinen Portionen mit folgenden Reagentien versetzt:

a) wenig Natronlauge; es scheidet sich Zinkhydroxyd aus, das sich bei weiterem Zusatz von Natronlauge zu Natriumzinkat löst. Die Formel ist je nach der Alkalimenge $Zn(ONa)_2$ oder $ZnOH \cdot ONa$:

$$ZnCl_2 + 2\,NaOH = Zn(OH)_2 + 2\,NaCl$$

$$Zn(OH)_2 + NaOH = Zn\begin{matrix} \diagup OH \\ \diagdown ONa \end{matrix} + H_2O$$

$$Zn(OH)_2 + 2\,NaOH = Zn\begin{matrix} \diagup ONa \\ \diagdown ONa \end{matrix} + 2\,H_2O$$

Außerdem ist ein Teil des Zinkhydroxydes kolloidal gelöst.

Zinkhydroxyd stellt sich also dem Aluminiumhydroxyd zur Seite. Ebenso löst sich Zink gerade so wie Aluminium in Natronlauge und in Kalilauge:

$$Zn + 2\,NaOH = Zn(ONa)_2 + 2\,H$$

b) mit wenig Ammoniak fällt Zinkhydroxyd aus:

$$ZnCl_2 + 2\,NH_4OH \rightleftarrows Zn(OH)_2 + 2\,NH_4Cl$$

Durch weiteren Ammoniakzusatz geht der Niederschlag unter Bildung von komplexem Zinkammoniumhydroxyd in Lösung:

$$Zn(OH)_2 + 6\,NH_3 = [Zn(NH_3)_6]OH_2$$

Ammoniumhydroxydlösung reagiert zum Teil wie freies Ammoniak NH_3, weil die Addition des letzteren an Wasser nicht quantitativ ist. Die Reaktion verläuft auch in diesem Falle nach zwei entgegengesetzten Richtungen:

$$NH_3 + H_2O \rightleftarrows NH_4OH$$

d. h. es stellt sich ein Gleichgewichtszustand ein, bei dem NH_3, H_2O und NH_4OH nebeneinander bestehen.

Die Zusammensetzung der Metallammoniakverbindungen entspricht nicht der gewöhnlichen Auffassung von den Valenzen, nach welcher Zink zweiwertig ist. Vgl. dazu die Fußnote zu Versuch 35.

c) Natriumkarbonat fällt ebenso wie bei Magnesiumsalzen ein Gemisch von Karbonat und Hydroxyd aus:

$$ZnCl_2 + CO_3Na_2 = CO_3Zn + 2\,NaCl$$
$$CO_3Zn + H_2O = Zn(OH)_2 + CO_2$$

d) Mit Schwefelammonium entsteht ein Niederschlag von Schwefelzink:

$$ZnCl_2 + (NH_4)_2S = ZnS + 2\,NH_4Cl$$

Der Niederschlag löst sich in Salzsäure. Enthielt also die Chlorzinklösung überschüssige Salzsäure, so wird die

Fällung behindert. Man wiederhole die Reaktion zur Sicherheit mit kristallinischem Zinksulfat.

Schwefelammonium löst sich in reinem Zustand farblos. Das im Laboratorium gebräuchliche Reagens ist meistens durch Ammoniumpolysulfide, $(NH_4)_2S_2$ bis $(NH_4)_2S_5$, gelb gefärbt, welche entstehen, indem durch Hydrolyse Schwefelwasserstoff frei wird, dieser unter dem Einfluß der Luft Schwefel abscheidet, und letzterer sich an unverändertes Schwefelammonium addiert:

$$(NH_4)_2S + 2\,H_2O \rightleftarrows H_2S + 2\,NH_4OH$$
$$H_2S + O = H_2O + S$$
$$(NH_4)_2S + S = NH_4 - S - S - NH_4$$

Durch weitere Addition von Schwefel bilden sich Ammoniumdi-, tri-, tetra- und pentasulfid. Gelbes Schwefelammonium zerfällt beim Ansäuren unter Schwefelabscheidung:

$$(NH_4)_2S_x + 2\,HCl = 2\,NH_4Cl + H_2S + S_{x-1}$$

Versuch 83. 1 g Lithopon wird mit 10 ccm verdünnter Salzsäure gekocht. Ein Teil der Substanz löst sich unter Entwicklung von Schwefelwasserstoff. Ein anderer, aus Baryumsulfat bestehender bleibt ungelöst und wird durch Filtrieren abgetrennt. Im Filtrat läßt sich durch Zusatz von Natriumkarbonat Zink in Form des weißen Niederschlages von basischem Zinkkarbonat nachweisen.

Lithopon (vgl. Versuch 60) ist ein weißes Pigment von großer Deckkraft. Es enthält im wesentlichen Baryumsulfat und Schwefelzink. Letzteres geht durch Salzsäure in Lösung:

$$ZnS + 2\,HCl = ZnCl_2 + H_2S$$

Versuch 84. Analyse von Messing. 1 g Messingdraht wird durch Erwärmen mit 10 ccm Salpetersäure vom spez. Gew. 1,2 auf dem Wasserbad unter dem Abzug gelöst.

Messing ist eine Legierung von 60—80 % Kupfer und 40—20 % Zink und mitunter kleinen Mengen anderer Metalle (Zinn, Eisen, Blei, Nickel). Es ist leichter gießbar und billiger als reines Kupfer.

Durch die Salpetersäure bilden sich Nitrate:

$$\underset{\text{Kupfer}}{3\,Cu} + 2\,NO_3H = \underset{\text{Kupferoxyd}}{3\,CuO} + 2\,NO + H_2O$$

oder

$$\begin{array}{c} NO\,O\,O\,H \\ NO\,O\,O\,H \\ + \\ 3Cu \end{array}$$

$$3\,CuO + 6\,NO_3H = \underset{\text{Kupfernitrat}}{3\,Cu(NO_3)_2} + 3\,H_2O$$

was sich in die Summengleichung

$$3\,Cu + 8\,NO_3H = 3\,Cu(NO_3)_2 + 4\,H_2O + 2\,NO$$

zusammenziehen läßt.

Und analog:

$$3\,Zn + 8\,NO_3H = \underset{\text{Zinknitrat}}{3\,Zn(NO_3)_2} + 4\,H_2O + 2\,NO$$

Das Gemisch der Nitrate wird durch Erwärmen mit 2 ccm konz. Schwefelsäure und 3 ccm Wasser in die Sulfate übergeführt:

$$Cu(NO_3)_2 + SO_4H_2 = SO_4Cu + 2\,NO_3H$$
$$Zn(NO_3)_2 + SO_4H_2 = SO_4Zn + 2\,NO_3H$$

Man dampft bis zu vollkommener Verjagung der Salpetersäure zur Trockne, löst den Rückstand in etwa 30 ccm Wasser und leitet durch ein rechtwinklig gebogenes Glasrohr *Schwefelwasserstoff* ein, der im *Kipp*schen Apparat aus Schwefeleisen und kalter verdünnter Schwefelsäure (100 Raumteile Wasser + 10 bis 15 Raumteilen konz. Schwefelsäure) entwickelt wird.

Die Austreibung der Salpetersäure ist notwendig, da sie den Schwefelwasserstoff oxydieren würde.

Durch den Schwefelwasserstoff wird schwarzes *Schwefelkupfer*, CuS (*Kupfersulfid*) gefällt:

$$SO_4Cu + H_2S = CuS + SO_4H_2$$

während das Zink in Lösung bleibt. Der Niederschlag entsteht schon in der Kälte; indessen empfiehlt es sich, die Lösung vor dem Fällen oder während desselben zu erhitzen, was bei analytischen Trennungen meistens von Vorteil ist, da dann die Niederschläge grobkörnig ausfallen und sich rascher abfiltrieren lassen.

Die vollkommene Abscheidung des Kupfersulfids wird durch Umschütteln beschleunigt. Nach etwa 5 Minuten filtriere man eine Probe in ein Reagenzglas und prüfe das Filtrat mit Schwefelwasserstoff. Bleibt dasselbe klar, so kann das Ganze filtriert werden, anderen Falles muß mit dem Einleiten des Gases fortgefahren werden, bis vollständige Fällung erreicht wird. Sodann filtriere man, erwärme das Filtrat einige Minuten auf dem Wasserbad, wobei noch kleine Mengen Sulfid ausfallen können, entferne auch diese und weise dann in dem Filtrat das Zink mit Natriumkarbonat nach.

Diese Methode zeigt das verschiedene Verhalten zweier Schwermetallsulfide gegen Salzsäure. Schwefelzink ist darin löslich und fällt darum in saurer Lösung nicht aus; Schwefelkupfer ist unlöslich, und das Kupfer läßt sich dadurch vom Zink trennen. In gleicher Weise unterscheiden sich auch die Sulfide anderer Schwermetalle voneinander[1]):

In Salzsäure sind unlöslich die Sulfide von:	In Salzsäure sind löslich die Sulfide von:
Quecksilber	Nickel
Silber	Kobalt
Blei	Eisen
Kupfer	Mangan
Wismut	Zink
Kadmium	Aluminium } unter gleichzeitiger Hydrolyse
Arsen	Chrom } unter gleichzeitiger Hydrolyse
Antimon	
Zinn	

Beim Untersuchen von Erzen und Metallen ist das Einleiten von Schwefelwasserstoff in die saure Lösung der Substanz meist eine der ersten analytischen Operationen, bei der die löslichen Sulfide von den unlöslichen durch Filtration getrennt werden Rückstand und Filtrat verarbeitet man dann weiter nach besonderen Methoden.

---

[1]) Vergl. O. Wallach, Tabellen zur chemischen Analyse.

2. Kadmium.

Versuch 85. Eine Lösung von Kadmiumsulfat, $3\,CdSO_4 + 8\,H_2O$, wird auf 2 Reagenzgläser verteilt und versetzt mit:

a) Natronlauge. Niederschlag von Kadmiumhydroxyd:

$$SO_4Cd + 2\,NaOH = Cd(OH)_2 + SO_4Na_2$$

im Überschuß von Natronlauge nicht löslich.

b) Schwefelwasserstoff oder Schwefelammonium. Gelber Niederschlag von Kadmiumsulfid:

$$SO_4Cd + H_2S = CdS + SO_4H_2$$
$$SO_4Cd + (NH_4)_2S = CdS + SO_4(NH_4)_2$$

Kadmium kommt in geringer Menge als Sulfid in der Zinkblende vor und wird auf manchen Zinkhütten gewonnen. Es dient zusammen mit Wismut, Blei und Zinn zur Herstellung von Legierungen, die sich wegen ihres niedrigen Schmelzpunktes zum Klischieren von Holzschnitten eignen. Kadmiumquecksilberamalgam ist frisch hergestellt eine bildsame, dann rasch erhärtende Zahnfüllmasse. In Schwefelsäure löst sich metallisches Kadmium zum Sulfat, aus dem das als Malerfarbe dienende Sulfid ausgefällt wird.

3. Eisen.

Versuch 86. Ein kleines gepulvertes Stück Eisenvitriol, $SO_4Fe \cdot 7\,H_2O$, wird mit der gleichen bis anderthalbfachen Menge kalzinierter Soda gemischt und in der Lötrohrflamme reduziert:

$$SO_4Fe + CO_3Na_2 = \underset{\text{Ferrokarbonat}}{CO_3Fe} + SO_4Na_2$$

$$CO_3Fe = \underset{\text{Ferrooxyd}}{FeO} + CO_2$$

$$FeO + CO = Fe + CO_2$$

Das Metall scheidet sich in der geschmolzenen Soda ab und wird meist erst sichtbar, wenn man die Masse samt den angrenzenden Teilen der Holzkohle herausschabt, im

Mörser mit Wasser abschlämmt, so daß die Kohleflitterchen entfernt werden, und aus dem Bodensatz das Eisenkügelchen mit einem Magneten herauszieht.

Versuch 87. $^2/_{10}$ Grammatome Eisen (= etwa 11 g) in Form von Gußeisenspänen werden mit 100 ccm Wasser übergossen und darauf unter Zusatz von $^2/_{10}$ Grammmolekülen Schwefelsäure (= etwa 11 ccm konz. Säure) auf dem Wasserbade erwärmt. Das Metall löst sich unter Entwicklung von Wasserstoff und stark riechenden Kohlenwasserstoffen zu Ferrosulfat (schwefelsaures Eisenoxydul):

$$Fe + SO_4H_2 = H_2 + SO_4Fe$$

Nachdem die Gasentwicklung zum Stillstand gekommen ist, wird die Lösung von dem reichlich vorhandenen, in der Säure nicht löslichen Rückstand abfiltriert und auf dem Wasserbad auf etwa die Hälfte des Volumens eingeengt. Beim Erkalten scheidet sich kristallinisches Eisenvitriol $SO_4Fe \cdot 7\,H_2O$, aus. Man berechne die theoretische Ausbeute und wäge die tatsächliche nach vorausgegangenem Trocknen der Kristalle auf Fließpapier.

Die Eisenerze bestehen der Hauptsache nach aus Verbindungen des Eisens mit Sauerstoff oder gehen durch „Rösten" in solche über. Im Hochofen spielen sich die Reaktionen

$$\underset{\text{Ferrioxyd}}{Fe_2O_3} + 2\,CO = 2\,Fe + 3\,CO_2$$

$$FeO + CO = Fe + CO_2$$

ab, deren letztere in Versuch 86 realisiert wurde. Außerdem findet im Hochofen noch ein wesentlicher Vorgang statt: Der Kohlenstoff des Kokses, durch dessen Verbrennung das reduzierende Kohlenoxyd erzeugt wird, löst sich zu etwa 4,5 % des Eisengewichtes in dem geschmolzenen Metall auf. Beim Erkalten bleibt der Kohlenstoff zum Teil in „fester Lösung" mit dem Eisen, zum Teil sondert er sich als feines, das Metall durchziehendes Geäst aus, wobei er in amorpher, in graphitisch kristallinischer und in chemisch gebundener Form als Eisenkarbid, Fe_3C, auftritt. Das „Roheisen" des Hochofens erhält hierdurch seine Gießbarkeit, denn der Erstarrungspunkt von geschmolzenem reinem

Eisen, der bei 1540° liegt, sinkt durch die Kohlenstoffaufnahme auf etwa 1100°. Roheisen bleibt darum lange genug flüssig, um die Gußformen scharf auszufüllen, während chemisch reines vorzeitig erstarren würde.

Da die große Menge der Kohlenstoffeinschlüsse die Einheitlichkeit des Metalles stört, ist Roheisen spröde. Schmiedbar ist es bei einem Kohlenstoffgehalt von nicht mehr als 1,6 %. Um Roheisen in schmiedbares Eisen zu verwandeln, wird ein Teil des Kohlenstoffs im *Puddelofen* oder in der *Bessemerbirne* oder im *Siemens-Martinofen* verbrannt.

Der Kohlenstoff des Roheisens wird bei Versuch 87 bemerkbar: Ein Teil entweicht an Wasserstoff gebunden, ein anderer bleibt in Gestalt schwarzer Flocken zurück.

Das Lösen des Eisens in Säure wird durch die Beimengungen beschleunigt. Versuch 87 gelingt weniger leicht, wenn man ein reineres Eisen, z. B. Blumendraht nimmt.

Versuch 88. Reaktionen von *Ferrosalz*. Man verteile eine Lösung von Ferrosulfat auf 7 Reagenzgläser und füge dazu:

a) Natronlauge. Niederschlag von *Ferrohydroxyd* $Fe(OH)_2$, das sich an der Luft zu *Ferrihydroxyd*, $Fe(OH)_3$, oxydiert, wobei die anfangs grünlich weiße Farbe in Braun übergeht:

$$SO_4Fe + 2\,NaOH = Fe(OH)_2 + SO_4Na_2$$

$$2\,Fe(OH)_2 + O + H_2O = 2\,Fe(OH)_3$$

oder

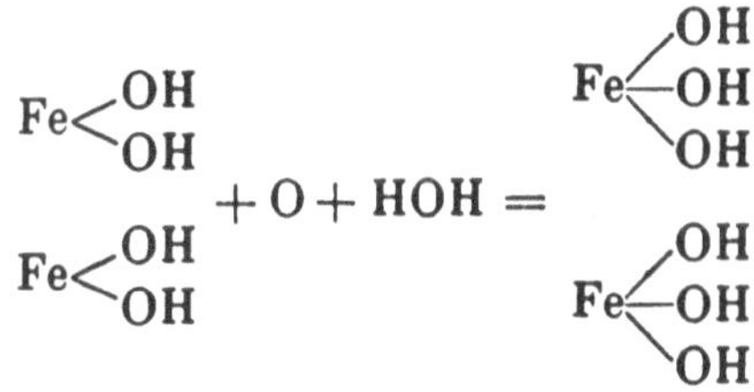

Exakter lautet diese Gleichung:

$$4\,Fe(OH)_2 + O_2 + 2\,H_2O = 4\,Fe(OH)_3$$

da Luftsauerstoff molekularen Sauerstoff O_2 enthält. Man pflegt in diesem Falle, wie in anderen ähnlichen, die Gleichung der Kürze halber auf ein Sauerstoffatom zu reduzieren.

Eisen tritt in den *Ferri*- oder *Oxyd*verbindungen dreiwertig, in den *Ferro*- oder *Oxydul*verbindungen zweiwertig auf.

b) Ammoniak fällt ebenfalls *Ferrohydroxyd*, aber nicht so vollständig wie Natronlauge, da die Reaktion ebenso wie beim Magnesiumhydroxyd durch das entstehende Ammoniumsalz in entgegengesetztem Sinne beeinflußt wird:

$$SO_4Fe + 2\,NH_4OH \rightleftarrows Fe(OH)_2 + SO_4(NH_4)_2$$

c) Sodalösung fällt *Ferrokarbonat*:

$$SO_4Fe + CO_3Na_2 = CO_3Fe + SO_4Na_2$$

Der Niederschlag oxydiert sich an der Luft unter Bildung von Ferrihydroxyd:

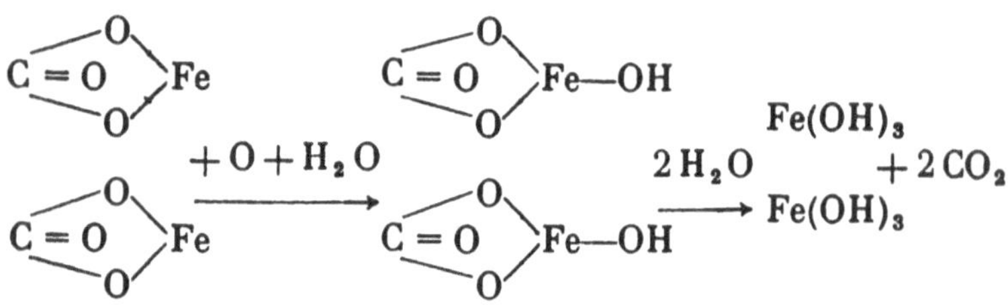

Ferrihydroxyd ist also eine zu schwache Base, um mit Kohlensäure ein Salz zu bilden; es tritt Hydrolyse ein.

Ferrihydroxyd findet sich als *Brauneisenstein*, *Bohnerz*, *Minette*, *Raseneisenstein*. Durch Glühen geht Ferrihydroxyd in *Ferrioxyd*, Fe_2O_3, über:

$$2\,Fe(OH)_3 = Fe_2O_3 + 3\,H_2O$$

Ferrioxyd kommt als *Roteisenerz*, *Hämatit* und *Eisenglanz* vor; Ferrokarbonat nennt man als Mineral *Eisenspat*.

d) Schwefelammonium fällt *Ferrosulfid*:

$$SO_4Fe + (NH_4)_2S = FeS + SO_4(NH_4)_2$$

Das natürlich vorkommende Schwefeleisen (*Pyrit*, *Eisenkies*, *Schwefelkies*), durch dessen Abrösten Schwefeldioxyd dargestellt wird, hat die Formel FeS_2, ist also verschieden von dem künstlich dargestellten Eisensulfid.

e) Man löse ein wenig *Cyankalium* in Wasser, ohne an dem Salz zu riechen oder es versehentlich mit Säure zusammenzubringen, da es unter diesen Umständen giftig wirkt. Die Cyankaliumlösung gieße man tropfenweise zu etwa 1 ccm Ferrosulfatlösung. Es fällt Ferrocyanid aus, das sich bei weiterem Cyankaliumzusatz zu Ferrocyankalium auflöst:

$$SO_4Fe + 2\,KCN = Fe(CN)_2 + SO_4K_2$$

Cyankalium Ferrocyanid

$$Fe(CN)_2 + 4\,KCN = K_4[Fe(CN)_6]$$

Ferrocyankalium

Man verteile die erhaltene Lösung auf zwei Reagenzgläser und versetze das eine mit Schwefelammonium, das andere mit Natronlauge. Die sonst mit diesen Reagentien und mit Eisensalzen entstehenden Niederschläge bleiben aus, weil das Eisen nicht als selbständiges Jon in Lösung ist, sondern einen Teil des komplexen Jones $[Fe(CN)_6]''''$ gebildet hat, und dieses sich mit dem S'-Jon des Schwefelammoniums und dem OH'-Jon des Natriumhydroxydes nicht vereinigt.

Das unmittelbar aus den Retorten der Gasanstalten entweichende Leuchtgas enthält eine Reihe von Bestandteilen, die man entfernt, bevor das Gas weiter geleitet wird. Es sind hauptsächlich Teer, Ammoniak, Cyanwasserstoff und Schwefelwasserstoff. Der Cyanwasserstoff (Blausäure), HCN, wird aufgefangen, indem man das Gas durch eine Lösung von Eisenvitriol hindurchleitet, wobei ähnliche Reaktionen stattfinden wie bei obigem Versuch mit Cyankalium. Ein älteres Verfahren benutzt zum Reinigen des Gases Raseneisenstein. Die so erhaltenen Eisencyanverbindungen werden auf Ferrocyannatrium und Ferrocyankalium verarbeitet. Diese beiden Salze dienen u. a. zur Darstellung von Cyankalium und Cyannatrium mit Hilfe von Natrium:

$$K_4[Fe(CN)_6] + 2\,Na = 4\,KCN + 2\,NaCN + Fe$$

Das Gemisch von Cyannatrium und Cyankalium wird zum Extrahieren des Goldes aus dem Muttergestein benutzt.

Eine Lösung von Cyankalium riecht nach dem sehr giftigen Cyanwasserstoff, weil das Salz weitgehend hydrolysiert ist:

$$KCN + H_2O \rightleftarrows KOH + HCN$$

Aus festem Cyankalium wird durch die Feuchtigkeit und die Kohlensäure der Luft ebenfalls etwas Cyanwasserstoff abgespalten:

$$2\,CNK + CO_3H_2 = 2\,CNH + CO_3K_2$$

f) Ferrosulfatlösung wird mit einer Lösung von Ferricyankalium versetzt. Es entsteht ein Niederschlag von „Turnbulls Blau". Die Zusammensetzung ist strittig.

Ferrisalze geben keinen Niederschlag mit Ferricyankalium, ebenso nicht Ferrosalze mit Ferrocyankalium.

Ferricyankalium $K_3[Fe(CN)_6]$ wird durch Einleiten von Chlor in eine Lösung von Ferrocyankalium dargestellt:

$$K_4[Fe(CN)_6] + Cl = K_3[Fe(CN)_6] + KCl$$

Es wirkt bei Gegenwart von Natronlauge stark oxydierend und eignet sich zum Aufdrucken weißer Ätzmuster auf Baumwolle, die mit Indigo gefärbt ist. Ferner dient es in Mischung mit Ferrisalzen zur Herstellung lichtempfindlicher Papiere, auf deren belichteten Stellen Turnbulls Blau entsteht, indem das Ferrisalz in Ferrosalz übergeht.

g) Man fülle ein Reagenzglas zur Hälfte mit einer Lösung von Tannin (Gerbsäure) in Wasser und füge dazu einige Tropfen einer Eisenvitriollösung. Es entsteht kein Niederschlag, sondern höchstens eine minimale Violettfärbung. Setzt man jetzt etwas Bromwasser hinzu, so bildet sich intensiv blauschwarzes gerbsaures Eisen (Ferritannat).

Die Reaktion beruht auf der Oxydation des Ferrosalzes zu Ferrisalzen

$$3\,SO_4Fe + 3\,Br = \underset{\text{Ferrisulfat}}{(SO_4)_3Fe_2} + \underset{\text{Ferribromid}}{FeBr_3}$$

worauf die Ferrisalze mit Tannin reagieren. Letztere Reaktionsgleichung ist nicht festgestellt.

Nimmt man beim Mischen der Tanninlösung mit Eisenvitriol einen Überschuß des letzteren, so erhält man auch ohne Brom die Blaufärbung, weil Eisenvitriol meist nicht chemisch rein ist, sondern etwas Ferrisulfat enthält.

Auf der Reaktion dieses Versuches beruht die Fabrikation von Tinte[1]), welche in frischem Zustand als wesentlichste Bestandteile eine an sich zunächst farblose Lösung von Eisenvitriol und Tannin enthält. Um die Schrift schon beim Schreiben sichtbar zu machen, werden Teerfarbstoffe zugesetzt. Das eigentliche Schwarz entsteht erst langsam im Papier durch den Luftsauerstoff, welcher im Prinzip gerade so wirkt wie oben das Brom.

Versuch 89. $^1/_{10}$ Grammolekül Eisenvitriol (= 28 g) wird gepulvert und mit etwas mehr als $^1/_{10}$ Grammolekül Salpetersäure (= 17 ccm verd. Salpetersäure vom spez. Gew. 1,20) auf dem Wasserbade unter dem Abzug erwärmt. Das Ferrosulfat oxydiert sich unter Braunfärbung:

$$\underset{\text{Ferrosulfat}}{SO_4Fe} + NO_3H = \underset{\text{basisches Ferrisulfat}}{SO_4Fe \,.\, OH} + NO_2$$

Das basische Ferrisulfat wird mit etwa $^1/_{20}$ Grammmolekül konz. Schwefelsäure (= 2,7 ccm) versetzt und einige Minuten erwärmt, wodurch Ferrisulfat, $Fe_2(SO_4)_3$, entsteht:

$$2\,SO_4Fe \,.\, OH + SO_4H_2 = Fe_2(SO_4)_3 + 2\,H_2O$$

Lösungen von Ferrisulfat werden nach dieser Methode in der Technik dargestellt und hauptsächlich zum Beizen von Seide benutzt (vgl. Versuch 90 g).

Versuch 90. Man beschicke einige Reagenzgläser mit Ferrisulfatlösung vom vorigen Versuche und führe damit folgende Reaktionen aus:

a) Natronlauge fällt Ferrihydroxyd:

$$Fe_2(SO_4)_3 + 6\,NaOH = 2\,Fe(OH)_3 + 3\,SO_4Na_2$$

b) Derselbe Niederschlag entsteht mit Ammoniumhydroxyd. Wird aber vor dem Fällen mit Natronlauge oder Ammoniak Glyzerin, $C_3H_5(OH)_3$, hinzugesetzt, so fällt kein Niederschlag aus, weil eine komplexe Verbindung entsteht, die löslich ist. Ebenso wie Glyzerin wirken andere organische Substanzen, welche Hydroxylgruppen enthalten.

[1]) F. W. Hinrichsen, Untersuchung von Eisengallustinten. 1909.

c) Natriumkarbonatlösung fällt Ferrihydroxyd:

$$Fe_2(SO_4)_3 + 3\,CO_3Na_2 = Fe_2(CO_3)_3 + 3\,SO_4Na_2$$
$$Fe_2(CO_3)_3 + 3\,H_2O = 2\,Fe(OH)_3 + 3\,CO_2$$

d) Ferrisulfatlösung wird mit überschüssigem Natriumazetat gekocht. Niederschlag von b a s i s c h - e s s i g s a u r e m E i s e n :

$$Fe_2(SO_4)_3 + 6\,CH_3CO_2Na = 2\,Fe(CO_2CH_3)_3 + 3\,SO_4Na_2$$
$$Fe(CO_2CH_3)_3 + 2\,H_2O = Fe(OH)_2CO_2CH_3 + 2\,CH_3CO_2H$$

Die Reaktion ist analog der des Versuches 71. Das basische Eisenazetat dient ebenso wie das entsprechende Aluminiumsalz in der Alizarinfärberei als Beize. Der entstehende Farblack ist violett.

Die Hydrolysierbarkeit der Eisensalze, die beim Azetat so deutlich in Erscheinung tritt, macht sich auch am Ferrisulfat und am Ferrichlorid bemerkbar, indem die Lösungen dieser Salze sauer reagieren. Die Hydrolyse wird durch Wasser befördert, durch Säure zurückgedrängt, entsprechend der umkehrbaren Gleichung

$$FeCl_3 + H_2O \rightleftarrows \underset{\text{basisches Eisenchlorid}}{FeCl_2 . OH} + HCl$$

Das basische Eisensalz ist kolloidal gelöst; Lösungen von Ferrichlorid und von Ferrisulfat sind darum trübe.

e) Eine Lösung von R h o d a n k a l i u m (S u l f o c y a n k a l i u m), CNSK, versetze man mit wenig Ferrisulfat- oder Ferrichloridlösung. Tiefrote Färbung von F e r r i r h o d a n i d , $Fe(CNS)_3$:

$$FeCl_3 + 3\,CNSK = 3\,KCl + Fe(CNS)_3$$

Dieses ist eine äußerst scharfe Reaktion auf Ferrisalze. Mit Ferrosalzen tritt sie nicht ein.

f) Ferrichlorid (oder Ferrisulfat) geben mit F e r r o c y a n k a l i u m l ö s u n g einen Niederschlag von B e r l i n e r b l a u , $Fe_7(CN)_{18}$:

$$4\,\overset{\text{III}}{Fe}Cl_3 + 3\,K_4[\overset{\text{II}}{Fe}(CN)_6] = \overset{\text{III}}{Fe_4}[\overset{\text{II}}{Fe}(CN)_6]_3 + 12\,KCl$$

Das Eisen ist in dieser Reaktion teils zwei- teils dreiwertig.

Berlinerblau wird als Malerfarbe, ferner im Tapeten- und Zeugdruck angewandt. Da das Pigment in Natronlauge löslich ist, so wird es auch von Seife angegriffen; es ist darum zum Echtfärben unbrauchbar.

g) Mit einer Lösung von Tannin gibt Ferrichlorid oder Ferrisulfat blauschwarzes Ferritannat.

Die beiden letzten Niederschläge werden mit Hilfe von Ferrisulfat als Beize auf Seide erzeugt und geben beim Ausfärben in Blauholzextrakt einen tiefschwarzen Farblack, der waschecht ist und sich in solchen Mengen der Seide einverleiben läßt, daß eine beim Verkauf vorteilhafte Beschwerung der Faser stattfindet.

h) Durch Schwefelammonium wird Ferrisulfid ausgefällt[1]):

$$(SO_4)_3Fe_2 + 3\,(NH_4)_2S = Fe_2S_3 + 3\,SO_4(NH_4)_2$$

Eine ähnliche Reaktion findet beim Befreien des rohen Leuchtgases von Schwefelwasserstoff statt:

„Gasreinigungsmasse" (Raseneisenstein, Ferrihydroxyd) oder in deren Ermangelung ein künstlich erzeugter Niederschlag von Ferrihydroxyd wird in einem Reagenzglas bei Gegenwart von Ammoniaklösung einem Strom von Schwefelwasserstoff ausgesetzt, den man durch ein Glasrohr einleitet. Schwärzung unter Bildung von Schwefeleisen.

Das Ammoniak des rohen Leuchtgases bleibt hauptsächlich im „Gaswasser". Ein Teil gelangt mit dem Schwefelwasserstoff in große Kästen, die mit Raseneisenstein beschickt sind. Das Mineral sättigt sich mit Schwefel und Schwefeleisen und wird zur Abröstung auf Schwefeldioxyd verkauft.

Versuch 91. Eine Stricknadel wird mit einer Zange auf ihre Biegsamkeit geprüft. Dabei zeigt sich, daß das Eisen weich ist. Jetzt glühe man das eine Ende der Nadel und bringe es auf einige Sekunden in etwas gepulvertes Ferrocyankalium, das sich in einem trocknen Reagenzrohr

---

[1]) Die Angabe vieler Lehrbücher, wonach ein Gemisch von Ferrosulfid und Schwefel ausfällt, ist durch Stokes widerlegt worden. Vgl. Treadwell, Kurzes Lehrbuch der analytischen Chemie Bd. 1, S. 110 (1908).

befindet, und glühe die Spitze mit der geringen Menge daran haftender Substanz von neuem. Das Ferrocyankalium verkohlt, und ein Teil des Kohlenstoffs löst sich in dem Eisen auf. Die noch glühende Nadel wird in kaltes Wasser getaucht.

Eine erneute Prüfung mit der Zange ergibt, daß die Spitze hart und spröde geworden ist. Die Sprödigkeit kann derartig sein, daß das Material beim Zangenversuch wie Glas abspringt; man schütze darum die Augen.

Schmiedbares Eisen, wie das der Stricknadeln, entsteht dadurch aus Roheisen, daß dessen Kohlenstoffgehalt auf 0,04—0,4% herabgesetzt wird (vgl. die Erläuterung zu Versuch 87). Führt man wieder Kohlenstoff ein, so bildet sich Eisenkarbid, das bei einer Kohlenstoffmenge von 0,5—1,6% diejenige Härte verursacht, die das Material zu Stahl macht. Die Härte wird durch „Abschrecken", d. h. durch plötzliches Abkühlen in glühendem Zustand gesteigert, weil dann die Eisenkarbidteilchen in derjenigen feinen Verteilung festgehalten werden, in der sie sich im Lösungszustand befinden, und sie hierdurch dem ganzen Metall ihre Härte mitteilen. Die gleichzeitig auftretende Sprödigkeit kann man durch Wiedererwärmen auf etwa 300° („Anlassen"), wodurch die Karbidteilchen eine andere Lage annehmen, beseitigen.

4. Mangan.

Versuch 92. Eine Lösung von Manganochlorid, $MnCl_2 . 4\,H_2O$, wird auf 5 Reagenzgläser verteilt und mit folgenden Reagentien versetzt:

a) Natronlauge, fällt Manganohydroxyd:

$$MnCl_2 + 2\,NaOH = Mn(OH)_2 + 2\,NaCl$$

Der Niederschlag ist anfangs weiß und wird bei Luftzutritt braun, wobei das Mangan teilweise, ähnlich wie das Eisen beim Ferrohydroxyd, aus dem zweiwertigen in den dreiwertigen Zustand übergeht:

$$2\,\overset{\text{II}}{Mn}(OH)_2 + O + H_2O = 2\,\overset{\text{III}}{Mn}(OH)_3$$

Manganihydroxyd

Zum Teil aber verläuft die Reaktion in einer dem Mangan eigentümlichen Weise: es wird in Form von m a n - g a n i g e r S ä u r e, MnO_3H_2, v i e r w e r t i g :

$$\overset{II}{Mn}(OH)_2 + O = \overset{IV}{Mn}\begin{cases} OH \\ = O \\ OH \end{cases}$$

Die manganige Säure vereinigt sich mit noch unoxydiertem Manganohydroxyd zu Mn_2O_3, dem Manganosalz der manganigen Säure:

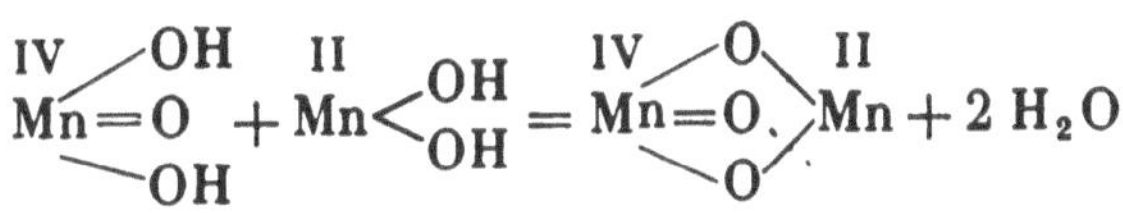

Manganomanganit

in dieser Verbindung erscheint das Mangan teils vier-, teils zweiwertig.

b) Manganochloridlösung wird mit Natronlauge und Bromwasser versetzt. Das ausfallende Manganohydroxyd geht rascher und vollkommener als bei a in manganige Säure über:

$$2\,NaOH + Br_2 = NaBr + NaOBr + H_2O$$

unterbromigsaures Natrium

$$Mn(OH)_2 + NaOBr = MnO_3H_2 + NaBr$$

Manganochlorid entsteht bei der Umsetzung von Braunstein mit Salzsäure unter Entwicklung von Chlor, wie bei Versuch 5 gezeigt wurde. Nach der dort mitgeteilten Auffassung der Reaktion wird der Chlorwasserstoff durch den Braunstein oxydiert. Im einzelnen verläuft die Reaktion so, daß sich zunächst M a n g a n t e t r a c h l o r i d, $MnCl_4$, bildet:

$$MnO_2 + 4\,HCl = MnCl_4 + 2\,H_2O$$

welches beim Erwärmen stufenweise zerfällt:

$$MnCl_4 = MnCl_3 + Cl$$

Mangantrichlorid

$$MnCl_3 = MnCl_2 + Cl$$

Bei dieser Gewinnungsweise des Chlors, deren frühere Bedeutung durch andere Methoden (Deaconverfahren, Elektrolyse) eingeschränkt worden ist, regeneriert man das Mangandioxyd durch Ausfällen von Manganhydroxyd mit Kalkmilch und Einpressen von Luft. Es entsteht Kalziummanganit („Weldonschlamm"), MnO_3Ca:

$$MnCl_2 + Ca(OH)_2 = Mn(OH)_2 + Ca\,Cl_2$$
$$Mn(OH)_2 + O = MnO_3H_2$$
$$MnO_3H_2 + Ca(OH)_2 = MnO_3Ca + 2\,H_2O$$

woraus wiederum mit Salzsäure Chlor gewonnen werden kann, da MnO_3Ca ($=MnO_2.CaO$) ebenso wie MnO_2 oxydierend wirkt.

c) Ammoniumhydroxyd fällt Manganohydroxyd aus; die Reaktion ist wie beim Magnesium rückläufig:

$$MnCl_2 + 2\,NH_4OH \rightleftarrows Mn(OH)_2 + 2\,NH_4Cl$$

d) Sodalösung scheidet Manganokarbonat aus:

$$MnCl_2 + CO_3Na_2 = CO_3Mn + 2\,NaCl$$

e) Schwefelammonium gibt rosafarbenes Manganosulfid:

$$MnCl_2 + (NH_4)_2S = MnS + 2\,NH_4Cl$$

Versuch 93. In einem kleinen Porzellantiegel mische man etwa 2 g grob zerstoßenes Kaliumhydroxyd mit etwa 1 g Kaliumchlorat, erhitze die Mischung, bis sie zu schmelzen beginnt, und füge dann etwa 1 g fein gepulverten Braunstein hinzu. Die Masse färbt sich tiefgrün. Das Erhitzen wird etwa ½ Minute fortgesetzt, wobei man die Augen schützt, da mitunter Schäumen und Spritzen eintritt.

Die Reaktion beruht auf der Abgabe von Sauerstoff durch das Kaliumchlorat:

$$ClO_3K = ClK + 3\,O$$

und der Oxydation des Mangandioxyds zu grünem Kaliummanganat, MnO_4K_2:

$$\overset{IV}{Mn}{<}^{O}_{O} + O + 2\,KOH = \overset{VI}{Mn}(=O)_2(OK)_2 + H_2O$$

Das Mangan wird dabei sechswertig.

Man lauge den Tiegel nach dem Erkalten mit wenig Wasser aus, gieße die Lösung in ein Reagenzglas und versetze sie mit verdünnter Schwefelsäure. Die Farbe verwandelt sich zuerst in Violett, dann in das Rot des Kaliumpermanganates, MnO_4K, mit siebenwertigem Mangan:

$$3MnO_4K_2 + 2SO_4H_2 = 2MnO_4K + 2SO_4K_2 + MnO_2 + 2H_2O$$

oder

$$3MnO_4K_2 + 2SO_4H_2 = 2MnO_4KH + MnO_4H_2 + 2SO_4K_2$$

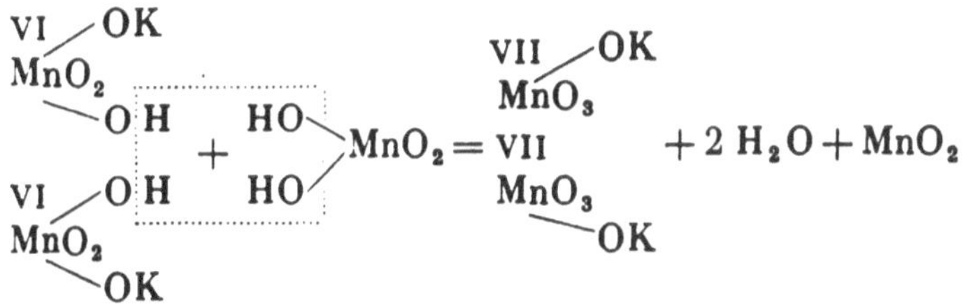

Die Schwefelsäure wirkt dadurch, daß sie Wasserstoffionen zuführt, und kann durch andere Säuren ersetzt werden, z. B. durch Kohlensäure, die man bei der Fabrikation von Kaliumpermanganat in die gelöste Schmelze einleitet. Beim Eindampfen des Filtrates scheidet sich das Salz aus. Es dient therapeutischen Zwecken und in der Chemie als Oxydationsmittel.

Versuch 94. Etwa 1 g Kaliumpermanganat wird in 50 ccm Wasser gelöst und nach Zugabe von 5 ccm konzentrierter Schwefelsäure tropfenweise mit käuflicher, dreiprozentiger Wasserstoffsuperoxydlösung versetzt. Jeder Tropfen verursacht Sauerstoffentwicklung und Entfärbung des Permanganates, so daß dessen Farbe bei Zusatz von etwa 15 ccm ganz verschwindet, indem Reduktion zu Manganosulfat eintritt:

$$2MnO_4K + SO_4H_2 = 2MnO_4H + SO_4K_2$$
$$2MnO_4H + 5H_2O_2 = 2MnO + 6H_2O + 10O$$
$$2MnO + 2SO_4H_2 = 2SO_4Mn + 2H_2O$$

$$2MnO_4K + 3SO_4H_2 + 5H_2O_2 = 2SO_4Mn + SO_4K_2 + 8H_2O + 10O$$

Die Zergliederung der Summengleichung in einen dreifachen Vorgang fällt bei der Ionengleichung fort:

$$\underbrace{2\,MnO_4{}' + 2\,K^{\cdot}} + \underbrace{3\,SO_4{}'' + 6\,H^{\cdot}} + 5\,H_2O_2 =$$

$$\underbrace{2\,Mn^{\cdot\cdot} + 2\,SO_4{}''} + \underbrace{SO_4{}'' + 2\,K^{\cdot}} + 8\,H_2O + 10\,O$$

Da sich die $K^{\cdot}$- und $SO_4{}''$-Ionen auf beiden Seiten streichen lassen, so bleibt:

$$2\,MnO_4{}' + 6\,H^{\cdot} + 5\,H_2O_2 = 2\,Mn^{\cdot\cdot} + 8\,H_2O + 10\,O$$

Das Wasserstoffsuperoxyd wirkt nicht wie bei vielen anderen Reaktionen oxydierend, sondern reduzierend; es zerfällt in 10 H + 10O, so daß im ganzen 16 H frei werden, welche den $MnO_4{}'$-Ionen ihren Sauerstoff entreißen und sie in $Mn^{\cdot\cdot}$-Ionen verwandeln.

Versuch 95. Spiegeleisen wird im Stahlmörser zerstoßen. 1 g der abfallenden Splitter löse man unter dem Abzug in 70 ccm verdünnter Salpetersäure (spez. Gew. 1,18), was beim Kochen auf dem Drahtnetz rasch vonstatten geht.

Spiegeleisen enthält 5—20% Mangan und etwa 5% Kohlenstoff. Letzterer wird größtenteils oxydiert. Die Metalle lösen sich zu Eisennitrat und Mangannitrat:

$$2\,Fe + 2\,NO_3H = \underset{\text{Ferrioxyd}}{Fe_2O_3} + 2\,NO + H_2O$$

$$Fe_2O_3 + 6\,NO_3H = \underset{\text{Ferrinitrat}}{2\,Fe(NO_3)_3} + 3\,H_2O$$

und

$$3\,Mn + 2\,NO_3H = \underset{\text{Manganoxydul}}{3\,MnO} + 2\,NO + H_2O$$

$$3\,MnO + 6\,NO_3H = \underset{\text{Manganonitrat}}{3\,Mn(NO_3)_2} + 3\,H_2O$$

Mangan bildet zwar auch ein dem Ferrioxyd entsprechendes Oxyd Mn_2O_3, das entsprechende Salz $Mn(NO_3)_3$ entsteht aber in diesem Falle nicht, weil die Manganiverbindungen in der Hitze unter Bildung von Manganoverbindungen zerfallen.

Um in dem Gemisch der Nitrate das Mangan nachzuweisen und vom Eisen zu sondern, füge man zu der heißen

Lösung nach Austreibung der Stickoxyde 12 g ungelöstes Kaliumchlorat. Alsbald fällt Mangandioxyd aus:

$$Mn(NO_3)_2 + 2\,ClO_3K = MnO_2 + 2\,NO_3K + \underset{\text{Chlordioxyd}}{2\,ClO_2}$$

oder in Form der Ionengleichung:

$$\underbrace{Mn^{\cdot\cdot} + 2\,NO_3'} + \underbrace{2\,ClO_3' + 2\,K^{\cdot}} = MnO_2 + \underbrace{2\,NO_3' + 2\,K^{\cdot}} + 2\,ClO_2$$

Da die NO_3'- und $K^{\cdot}$-Ionen auf beiden Seiten der Gleichung stehen, lassen sie sich streichen:

$$Mn^{\cdot\cdot} + 2\,ClO_3' = MnO_2 + 2\,ClO_2$$

Es findet also eine Oxydation von Manganionen durch ClO_3-Ionen statt. Das Chlordioxyd entweicht als gelbgrünes Gas. Nach dessen Austreibung isoliere man das Mangansuperoxyd durch Filtrieren und spritze es nach Durchstoßen des Filters in einen Kolben. Gibt man jetzt 25 ccm konzentrierte Schwefelsäure und eine Lösung von 5 g Eisenvitriol in 75 ccm Wasser hinzu, so wird das Mangansuperoxyd zu Manganosulfat reduziert, wodurch die Suspension verschwindet:

$$MnO_2 + 2\,SO_4Fe + 2\,SO_4H_2 = SO_4Mn + (SO_4)_3Fe_2 + 2\,H_2O$$

Spiegeleisen wird durch Verhüttung von Eisenerzen zusammen mit Manganerzen gewonnen, deren wichtigste Braunstein (Pyrolusit, MnO_2), Braunit (Mn_2O_3), Manganit ($Mn_2O_3.H_2O$), Hausmannit (Mn_3O_4) und Manganspat (CO_3Mn) sind. Das so erhaltene Spiegeleisen, ebenso wie das noch manganreichere Ferromangan haben im Hochofen ein größeres Lösungsvermögen für Kohlenstoff als gewöhnliches Hochofeneisen. Man braucht sie als Zuschläge zu dem fast vollkommen entkohlten Eisen, das die Bessemerbirne liefert. Der Kohlenstoff gibt die gewünschte Stahlhärte; gleichzeitig bindet das Mangan den Sauerstoff, der vom Einpressen von Luft in den Metallfluß übrig geblieben ist und dessen Gefüge stören würde.

Spiegeleisen und Ferromangan sind die wichtigsten Manganverbindungen des Handels.

Versuch 96. Ein Strang Baumwollgarn wird mit einer Lösung von 2 g Manganochlorid in 40 ccm Wasser durchtränkt, ausgewrungen, so daß der Überschuß an Flüssigkeit abfließt, und dann im Trockenkasten bei 100° vollkommen getrocknet; hierbei lagert sich das Salz in den feinsten Hohlräumen der Faser ab. Man tauche den Strang sodann auf einige Sekunden in Natronlauge, die durch Verdünnen der etwa 10 prozentigen Laboratoriumslauge mit neun Teilen Wasser hergestellt wird, und oxydiere das in der Faser entstandene Manganohydroxyd durch kurzes Eintauchen in ein Becherglas mit siedendem Wasser, das einige Gramm Chlorkalk enthält, zu Mangansuperoxyd (siehe die Reaktionsgleichungen bei Versuch 92a und b). Beim Auswaschen der Faser in Wasser zeigt sich, daß das Superoxyd vollkommen fixiert ist.

Das so hergestellte Manganbister ist einer der wenigen anorganischen Farbstoffe, die in der Färberei eine Rolle spielen.

4. Chrom.

Versuch 97. Einige Kristalle Chromalaun, $(SO_4)_2CrK.12H_2O$, werden durch Schütteln mit kaltem Wasser gelöst und zu folgenden Reaktionen benutzt:

a) Ammoniak fällt grünliches Chromihydroxyd:

$$(SO_4)_3Cr_2 + 6\,NH_4OH = 2\,Cr(OH)_3 + 3\,SO_4(NH_4)_2$$

Chromalaun kann ebenso wie der „gewöhnliche“ Alaun, $(SO_4)_2AlK.12H_2O$ als ein Doppelsalz aufgefaßt werden:

$$2\,(SO_4)_2CrK = (SO_4)_3Cr_2 + SO_4K_2$$

und verhält sich in seinen Reaktionen wie Chromisulfat. Man kann also das Kaliumsulfat bei den Reaktionsgleichungen vernachlässigen.

b) Bei Zusatz weniger Tropfen Natronlauge fällt ebenfalls Chromihydroxyd aus, durch mehr Natronlauge geht dasselbe als Natriumchromit, $Cr(OH)_2ONa$, in Lösung:

$$(SO_4)_3Cr_2 + 6\,NaOH = 2\,Cr(OH)_3 + 3\,SO_4Na_2$$

$$Cr(OH)_3 + NaOH \rightleftarrows Cr\begin{cases}OH\\OH\\ONa\end{cases} + H_2O$$

Durch Kochen der mit Wasser hinlänglich verdünnten Chromitlösung wird die Reaktion rückläufig, und das Chromihydroxyd fällt wieder aus.

Das Chrom ist in allen diesen Reaktionen dem Aluminium analog. Ein Unterschied besteht nur darin, daß Lösungen von Natriumaluminat beim Kochen kein unlösliches Aluminiumhydroxyd abscheiden.

Die leichte Hydrolysierbarkeit des Natriumchromits gestattet es, Chromhydroxyd aus seiner alkalischen Lösung auf Baumwolle niederzuschlagen, welche dadurch gebeizt wird. Diese Methode ist auf die Baumwollfärberei beschränkt, weil Wolle und Seide durch die Natronlauge leiden würden.

c) Durch Sodalösung fällt Chromihydroxyd aus, da Chromkarbonat in Wasser nicht beständig ist:

$$(SO_4)_3Cr_2 + 3\,CO_3Na_2 = (CO_3)_3Cr_2 + 3\,SO_4Na_2$$
$$(CO_3)_3Cr_2 + 3\,H_2O = 2\,Cr(OH)_3 + 3\,CO_2$$

d) Mit Schwefelammonium entsteht ebenfalls Chromihydroxyd:

$$Cr_2(SO_4)_3 + 3\,(NH_4)_2S = Cr_2S_3 + 3\,SO_4(NH_4)_2$$
$$Cr_2S_3 + 6\,H_2O = 2\,Cr(OH)_3 + 3\,SH_2$$

Vgl. die entsprechenden Reaktionen bei Versuch 68 b und c.

e) Man koche die Lösung von Chromalaun. Die ursprünglich violette Farbe geht in Grün über. Der Umschlag beruht auf der Bildung komplexer Verbindungen.

Durch Reduktion der Chromisalze oder durch Lösen von metallischem Chrom in Säuren lassen sich Chromosalze herstellen, die den Ferro- und Manganosalzen entsprechen. Im Gegensatz zu letzteren aber oxydieren sich die Chromosalze derartig leicht, daß sie unter gewöhnlichen Umständen nicht haltbar sind.

Versuch 98. 0,5 g käufliches Chromioxyd, Cr_2O_3, werden in einem Porzellantiegel mit 2 g Kaliumkarbonat und 2 g Kaliumnitrat gemischt, zur Vertreibung etwaiger Feuchtigkeit über dem Bunsenbrenner erhitzt und dann mit der Gebläseflamme solange geglüht, bis die Schmelze gelb geworden ist, was nach etwa einer Minute eintritt. Dabei entsteht durch Oxydation des Chromoxydes Kaliumchromat, CrO_4K_2 (chromsaures Kalium):

$$Cr_2O_3 + 3\ NO_3K + 2\ CO_3K_2 = 2\ CrO_4K_2 + 3\ NO_2K + 2CO_2$$

oder: $$3\ NO_3K = 3\ NO_2K + 3\ O$$

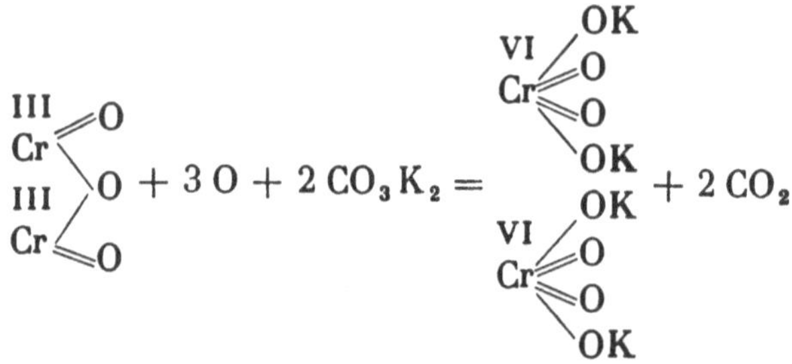

Das dreiwertige Chrom, welches im Chromoxyd dem Eisen im Eisenoxyd, Fe_2O_3, ähnelt, wird also durch Sauerstoffaufnahme sechswertig und ist dann ebenso wie der sechswertige Schwefel (vgl. SO_4K_2) säure- und salzbildend.

Zum Nachweis des entstandenen chromsauren Kaliums lauge man den Inhalt des Tiegels mit ein wenig Wasser aus und entferne etwa noch vorhandenes Chromoxyd durch Filtration. Wird dann das Filtrat mit Essigsäure angesäuert und mit Baryumchlorid versetzt, so scheidet sich gelbes Baryumchromat aus:

$$CrO_4K_2 + BaCl_2 = CrO_4Ba + 2\ KCl$$

Das technische Material zur Darstellung von Kalium- und Natriumchromat ist Chromeisenstein, $Cr_2O_3 . FeO$, der durch Glühen mit Kalk und Alkalikarbonat bei Gegenwart von Luft aufgeschlossen wird, wobei im Prinzip dieselbe Reaktion stattfindet wie bei Versuch 98.

Durch Glühen von Chromeisenstein mit Koks wird „Ferrochrom", eine Legierung von Eisen mit Chrom, erhalten, die zur Herstellung des durch besondere Härte ausgezeichneten Chromstahls dient.

Versuch 99. Reaktionen von Kaliumchromat und Kaliumbichromat (Kaliumdichromat, doppelchromsaures Kalium).

a) Eine Lösung von Kaliumchromat (oder Natriumchromat), welche gelb ist, versetze man mit verd. Schwefelsäure. Die Farbe wird orangerot, indem Kaliumbichromat entsteht:

$$\underset{\text{Kaliumchromat}}{2\,CrO_4K_2} + SO_4H_2 = \underset{\text{Kaliumbichromat}}{Cr_2O_7K_2} + SO_4K_2 + H_2O$$

oder:

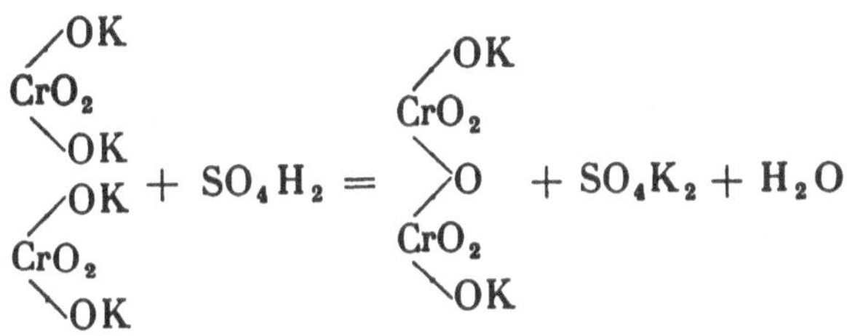

Kaliumbichromat kristallisiert bei der Fabrikation leichter aus als Kalium- oder Natriumchromat und wird darum vielfach bevorzugt. In seinen Reaktionen unterscheidet es sich nicht von den Chromaten.

b) Lösungen von Kaliumchromat und von Kaliumbichromat geben mit Baryumchlorid B a r y u m c h r o m a t:

$$CrO_4K_2 + BaCl_2 = CrO_4Ba + 2\,KCl$$

Kaliumbichromat als solches liefert zwar mit Baryumchlorid keinen Niederschlag, da Baryumbichromat löslich ist, indessen wird Kaliumbichromat in Lösung zum Teil hydrolysiert:

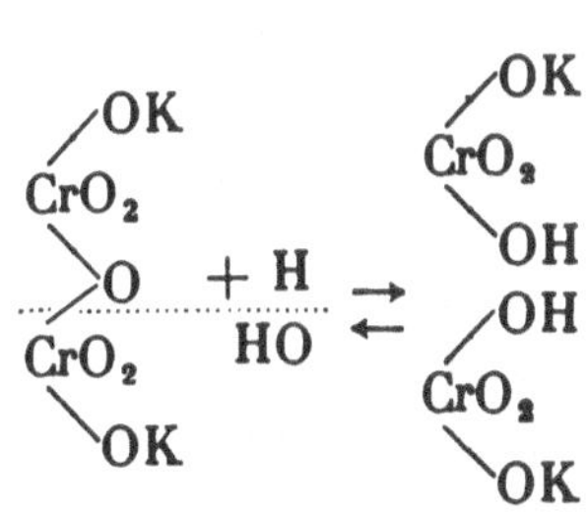

worauf Baryumchromat ausfällt:

$$CrO_4KH + BaCl_2 = CrO_4Ba + KCl + HCl$$

Bei der Erklärung von Versuch 61 d wurde der Vorgang etwas anders formuliert, um die Analogie mit der dort voraufgegangenen Reaktionsgleichung besser hervortreten zu lassen. Tatsächlich handelt es sich bei beiden Auffassungen um ein und dasselbe, nämlich die Vereinigung von Chromatjon und Baryumjon:

$$CrO_4'' + Ba^{\cdot\cdot} = CrO_4Ba.$$

c) In gleicher Weise entsteht aus Kaliumchromat- und Bichromatlösungen mit Bleiazetat gelbes Bleichromat, CrO_4Pb:

$$CrO_4K_2 + (CH_3CO_2)_2Pb = CrO_4Pb + 2\,CH_3CO_2K.$$

Das Bleichromat wird wegen seiner besonders lebhaften Farbe auf Kattun erzeugt, indem man diesen mit Bleisalzlösung imprägniert und dann durch Bichromatlösung hindurchpassiert.

d) 2 ccm Wasserstoffsuperoxydlösung werden mit etwa 1 ccm verdünnter Schwefelsäure und 2 ccm Äther im Reagenzglas durchgeschüttelt und dann mit wenigen Tropfen einer Chromat- oder Bichromatlösung versetzt. Das Gemisch färbt sich durch Überchromsäure, CrO_8H_3, blau [1]). Bei nochmaligem Schütteln geht die blaue Substanz vollkommen in den Äther über, der obenauf schwimmt.

e) Man füge zu einer Lösung von Kaliumbichromat verd. Schwefelsäure und Natriumbisulfitlösung. Es tritt Reduktion ein, indem sich grünes Chromisalz bildet, welches in Lösung bleibt:

$$Cr_2O_7K_2 + 3\,SO_3NaH + 4\,SO_4H_2 = Cr_2(SO_4)_3 + 3\,SO_4NaH + 4\,H_2O + SO_4K_2$$

oder mit den in Betracht kommenden Jonen:

$$Cr_2O_7'' + 3\,SO_3'' + 8\,H^{\cdot} = 2\,Cr^{\cdot\cdot\cdot} + 3\,SO_4'' + 4\,H_2O$$

Die Reaktion beruht also darauf, daß das Cr_2O_7-Jon durch die SO_3-Jonen des Bisulfits und die H-Jonen der Schwefelsäure seines Sauerstoffes beraubt wird.

Von der Oxydationswirkung der Chromsäure wird bei der Fabrikation von Alizarin Gebrauch gemacht.

[1]) Die Reaktionsgleichung ist nicht festgestellt.

Versuch 100. 3 g Kaliumbichromat werden in 100 ccm Wasser gelöst, dem man außerdem etwa 0,5 ccm konz. Schwefelsäure zusetzt. 5 ccm der Lösung füge man zu 145 ccm Wasser und digeriere darin 5 g Wollgarn $^3/_4$ Stunde lang bei etwa 100°, indem man das Gefäß ins siedende Wasserbad stellt. Hierbei zerfällt die Dichromsäure in Chromsäure:

$$Cr_2O_7H_2 + H_2O = 2\,CrO_4H_2,$$

die zum Teil in Lösung bleibt, zum Teil von der Wolle gebunden wird. Die Faser erscheint infolgedessen zunächst gelb. Nach einiger Zeit und besonders rasch am Licht wird sie grün, indem die Chromsäure durch die Fasersubstanz zu Chromhydroxyd reduziert wird, welches fest anhaftet. Man befreie die Wolle in fließendem Wasser von den nicht fixierten Anteilen der Chromverbindungen und färbe sie dann $^3/_4$ Stunde bei Siedehitze in 130 ccm Wasser und 20 ccm einprozentiger Alizarinsuspension (vgl. Versuch 73). Es entsteht ein bordeauxfarbener Alizarin-Chromlack.

Kaliumbichromat wird in größtem Maßstabe zum Beizen von Wolle benutzt, weil die beim Färben entstehenden Lacke hervorragend echt sind. —

Beim Belichten einer Mischung von Kaliumbichromat und Leim findet ebenso wie auf Wolle Reduktion zu Chromhydroxyd statt. Der Leim wird dadurch unlöslich. Solche unlösliche Substanz erzeugt man beim Übertragen von Bildern auf Metallplatten und -walzen. Letztere werden mit der lichtempfindlichen Mischung überzogen und dann nach Auflegen eines Films, auf dem sich die Photographie des Bildes befindet, belichtet. Beim nachfolgenden Waschen lösen sich nur die Teile der Chromat-Leimschicht, die durch die dunkeln Stellen der Photographie geschützt waren. Die betreffenden Metallpartien werden beim Einlegen in ein Säurebad angeätzt und geben das Bild wieder. —

Chromhydroxyd läßt sich auf Häuten niederschlagen. Darin besteht eine wichtige Art der Gerbung.

5. Nickel.

Versuch 101. Eine Lösung von Nickelsulfat, $SO_4Ni \cdot 7\,H_2O$ oder eines anderen Nickelsalzes werde zu folgenden Reaktionen benutzt:

a) Mit Natronlauge scheidet sich hellgrünes Nickelohydroxyd, $Ni(OH)_2$, aus, das auf Zusatz von Bromwasser in Nickelihydroxyd, $Ni(OH)_3$, übergeht:

$$SO_4Ni + 2\,NaOH = Ni(OH)_2 + SO_4Na_2$$
$$Ni(OH)_2 + NaOH + Br = Ni(OH)_3 + NaBr$$

b) Auf Zusatz von sehr wenig Ammoniak fällt Nickelohydroxyd aus:

$$SO_4Ni + 2\,NH_4OH = Ni(OH)_2 + SO_4(NH_4)_2$$

Ist aber die Ammoniakmenge etwas größer, so entsteht eine Lösung, die durch das komplexe Jon des Hexamminnickelosulfats blau gefärbt ist:

$$SO_4Ni + 6\,NH_3 = [Ni(NH_3)_6]SO_4$$

c) Mit Schwefelammonium fällt Nickelosulfid aus:

$$SO_4Ni + (NH_4)_2S = SO_4(NH_4)_2 + NiS$$

Versuch 102. Ein Fünfpfennigstück wird durch portionenweise Zugabe von etwa 15 ccm Königswasser (s. Versuch 28) auf dem Wasserbad unter dem Abzug gelöst, wobei man die Einwirkung des Chlors, das aus dem Säuregemisch entwickelt wird, durch Umrühren befördere. Es bilden sich Kupferchlorid, $CuCl_2$, und Nickelchlorid $NiCl_2$:

$$Cu + 2\,Cl = CuCl_2$$
$$Ni + 2\,Cl = NiCl_2$$

Deutsche Nickelmünzen bestehen aus 75 % Kupfer und 25 % Nickel. Zur Abtrennung des Kupfers entferne man den Überschuß von Königswasser durch Eindampfen, nehme den Rückstand mit Wasser und etwas verd. Salzsäure auf und verdünne die Lösung auf 50 ccm. 5 ccm davon werden mit einer Lösung von Rhodankalium versetzt; es fällt schwarzes Kupferrhodanid (Cuprirhodanid), $Cu(CNS)_2$ aus:

$$CuCl_2 + 2\,KCNS = Cu(CNS)_2 + 2\,KCl$$

Um den Kupferniederschlag vollkommen unlöslich zu machen, ist es notwendig, das Cuprirhodanid zum Cuprorhodanid zu reduzieren, was durch Zusatz von wäßriger schwefliger Säure oder von Natriumbisulfitlösung geschieht:

$$\begin{matrix} Cu{<}^{SCN}_{SCN} \\ Cu{<}^{SCN}_{SCN} \end{matrix} + SO_3H_2 + H_2O = 2\,Cu{\cdot}SCN + SO_4H_2 + 2\,HSCN$$

Cuprirhodanid (schwarz) — Cuprorhodanid (weiß) — Rhodanwasserstoff

Die Reduktion erfolgt nicht immer sofort, sondern meist erst allmählich beim Umschütteln. Man filtriere und weise im Filtrat das Nickel mit Natronlauge nach.

Anstatt dieser Trennungsmethode kann man auch die bei der Analyse des Messings (Versuch 84) angegebene anwenden und das Kupfer aus salzsaurer Lösung mit Schwefelwasserstoff ausscheiden.

Nickel wird hauptsächlich durch Verhüttung von neukaledonischem Garnierit, einem Nickelmagnesiumsilikat der Formel $NiO.MgO.SiO_2.H_2O$, gewonnen. Es ist hart, zäh, an der Luft beständig und hat darum in reinem Zustand sowie zum Legieren mit anderen Metallen große Bedeutung. Die wichtigsten Legierungen sind: Nickelmünzen; Nickelstahl (3—6% Ni); Neusilber (etwa 50% Cu, 20% Ni, 30% Zn); Manganin (für elektrische Widerstände, 84% Cu, 12% Mn, 4% Ni).

6. Kobalt.

Versuch 103. Eine Lösung von Kobaltnitrat, $Co(NO_3)_2 .6\,H_2O$ oder eines anderen Kobaltsalzes benutze man zu folgenden Reaktionen:

a) mit Natronlauge fällt blaues basisches Kobaltonitrat aus:

$$Co(NO_3)_2 + NaOH = Co{<}^{OH}_{O.NO_2} + NO_3Na$$

In der Wärme oder bei längerem Stehen bildet sich rosenrotes Kobaltohydroxyd:

$$Co(NO_3)_2 + 2\,NaOH = Co(OH)_2 + 2\,NO_3Na$$

Das Entstehen dieses Niederschlages ist von der Konzentration der Lauge abhängig.

b) Durch Zusatz von Natronlauge und Bromwasser entsteht Kobaltihydroxyd:

$$Co(NO_3)_2 + 3\,NaOH + Br = Co(OH)_3 + NaBr + 2\,NO_3Na$$

c) Wenig Ammoniak fällt blaues basisches Salz:

$$Co(NO_3)_2 + NH_4OH = CoOH.ONO_2 + NO_3NH_4$$

in überschüssigem Ammoniak findet Lösung unter Gelbfärbung statt. Luftsauerstoff verwandelt die Farbe der Lösung in ein rötliches Braun. Die Lösung enthält komplexe Ammoniakverbindungen des Kobalts von nicht genau bekannter Zusammensetzung.

d) Schwefelammonium scheidet schwarzes Kobaltosulfid aus:

$$Co(NO_3)_2 + (NH_4)_2S = CoS + 2\,NO_3NH_4$$

e) Mit einer konzentrierten Lösung von Kaliumnitrit und etwas Essigsäure bildet sich sofort oder nach einiger Zeit das für Kobalt sehr charakteristische hexanitritokobaltisaure Kalium, $[Co(NO_2)_6]K_3$, (Kobaltikaliumnitrit):

$$Co(NO_3)_2 + 7\,NO_2K + 2\,CH_3CO_2H = [Co(NO_2)_6]K_3 + 2\,NO_3K + 2\,CH_3CO_2K + NO + H_2O$$

Diese scheinbar komplizierte Gleichung erklärt sich aus der oxydierenden Wirkung der salpetrigen Säure:

$$2\,NO_2K + 2\,CH_3CO_2H = 2\,NO_2H + 2\,CH_3CO_2K$$

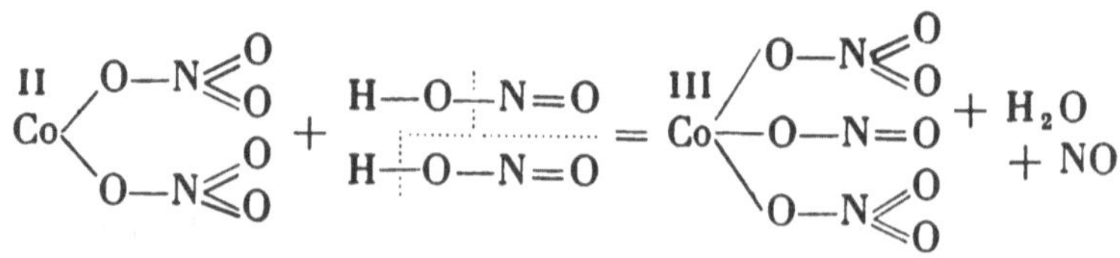

Kobaltonitrat Kobaltinitratnitrit

In Lösung befinden sich jetzt die Jonen $Co^{\cdot\cdot\cdot}$, NO_3', NO_2' und außerdem die K-Jonen des überschüssigen Kaliumnitrits. Da die $Co^{\cdot\cdot\cdot}$-, NO_2'- und K-Jonen bei ihrem Zusammentritt ein unlösliches Salz bilden, so fällt der entsprechende Niederschlag aus:

$$CoNO_2(NO_3)_2 + 5\,NO_2K = [Co(NO_2)_6]K_3 + 2\,NO_3K$$

oder:

$$Co^{\cdot\cdot\cdot} + 6\,NO_2' + 3\,K^{\cdot} = [Co(NO_2)_6]K_3$$

Versuch 104. 1 g käufliche Smalte wird in einer kleinen Porzellanschale, oder besser in einer Platinschale, mit 4 ccm Wasser und 1 ccm konz. Schwefelsäure auf dem Wasserbad erwärmt. Die Substanz löst sich nicht und behält ihre blaue Farbe. Jetzt füge man unter dem Abzug ungefähr 20 ccm Flußsäure hinzu, worauf die Smalte sofort entfärbt wird und in Lösung geht.

Die käufliche Flußsäure enthält ungefähr 40% Fluorwasserstoff und kommt in Guttaperchaflaschen in den Handel. Man hüte sich, die Dämpfe einzuatmen. Will man die Säure im Maßzylinder abmessen, so muß es rasch geschehen, da sonst die Glaswandung stark angegriffen wird.

Smalte wird durch Verschmelzen von Kobalterzen (Speiskobalt, $CoAs_2$; Glanzkobalt, $CoAs_2 . CoS_2$) oder von Kobaltooxyd, CoO (Kobaltoxydul) mit Pottasche und Quarz dargestellt, ist also ein Kobaltokaliumsilikat. Der Gehalt an Kobaltoxydul beträgt 2—7%. Eine bestimmte Formel läßt sich nicht aufstellen. Durch die Flußsäure wird die Verbindung gespalten, wobei das Siliciumdioxyd unter Bildung von Fluorsilicium, SiF_4, in Lösung geht:

$$SiO_2 + 4\,HF = SiF_4 + 2\,H_2O$$

Arbeitet man in einer Porzellanschale, so wird aus ihr ebenfalls Siliciumdioxyd herausgelöst, obzwar nicht in gleichem Maße wie aus der Smalte. Das Siliciumfluorid entweicht zum

Teil gasförmig, zum Teil wird es durch das Wasser unter Abscheidung von Kieselsäure, $Si(OH)_4$, zersetzt:

$$SiF_4 + 4\,H_2O = Si(OH)_4 + 4\,HF$$

Nachdem die Schale einige Zeit auf dem siedenden Wasserbad gestanden hat und Flußsäure und Fluorsilicium ausgetrieben sind, nehme man den Rückstand mit wenig Wasser auf und filtriere. Die Kieselsäure bleibt auf dem Filter, das Kobaltoxydul hat sich als Sulfat gelöst:

$$CoO + SO_4H_2 = SO_4Co + H_2O$$

und befindet sich im Filtrat. Daselbst können auch geringe Mengen von Arsen, Kupfer, Wismut, Nickel, Eisen und Aluminium sein, die dem Kobalterz entstammen. Man leite darum in die saure Lösung Schwefelwasserstoff ein, wobei die etwa anwesenden drei erstgenannten Metalle als Sulfide ausfallen[1]), von denen man abfiltriert. Um das Kobalt einwandfrei nachzuweisen, entferne man darauf das Eisen: der Schwefelwasserstoff wird auf dem Wasserbad verjagt, das Ferrosulfat oxydiert man durch Aufkochen der Lösung mit etwa 1 ccm konz. Salpetersäure, und das entstandene Ferrisulfat läßt sich durch Erwärmen mit einigen Gramm festen Natriumazetates ausfällen. Die Reaktionsgleichung s. Versuch 90d.

In gleicher Weise scheidet sich etwa vorhandenes Aluminium als $Al(OH)_2(CH_3CO_2)$ aus. Wird jetzt der Niederschlag durch Filtrieren entfernt, so gibt das Filtrat mit Essigsäure und konzentrierter Kaliumnitritlösung das gelbe Kobaltikaliumnitrit (s. Versuch 103 e). Die Reaktion gelingt nur, wenn die Flüssigkeitsmenge nicht zu groß ist. Sollte letzteres der Fall sein, so konzentriere man durch Eindampfen.

Auf dieser Methode beruht die Bestimmung des Handelswertes der Smalte. Sie dient als Maler- und Anstrichfarbe und neben Kobaltoxyd, Co_2O_3, zum Färben keramischer Glasuren. Es sind dieses die wichtigsten Kobaltverbindungen. Metallisches Kobalt spielt im Handel keine Rolle. —

[1]) Die Reaktionsgleichungen werden bei Gelegenheit späterer Versuche angegeben werden.

Die Metalle Eisen, Mangan, Chrom, Kobalt, Nickel ähneln sich darin, daß sie alle Verbindungsformen bilden, die dem Ferrooxyd, FeO, und dem Ferrioxyd, Fe_2O_3, entsprechen. Man kann sie daher als die „Metalle der Eisengruppe" bezeichnen.

7. Arsen.

Versuch 105. Ein Rohr aus schwerschmelzbarem Glase (sogen. „Verbrennungsrohr", wie es zur Analyse organischer Substanzen dient) wird mit etwa 2 g feingepulvertem Arsenerz (Arsenkies, $FeS_2.FeAs_2$) beschickt. Das eine Rohrende ist verkorkt und ruht auf dem Gestänge einer Klammer, das andere steckt in einem durchbohrten Kork-

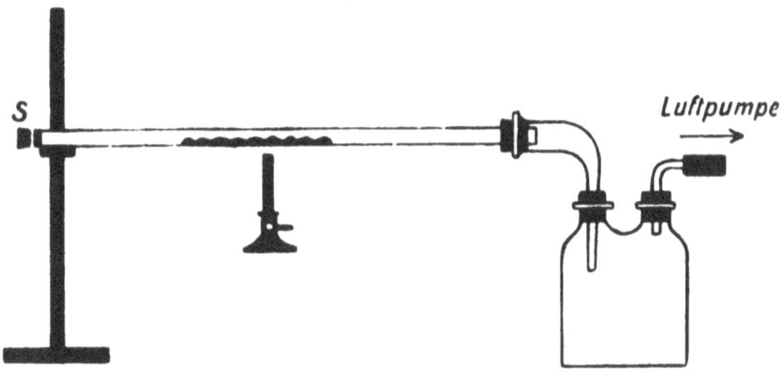

Fig. 7.

stopfen und führt mittelst eines Glasstutzens in eine „Woulfsche Flasche" die mit einer Wasserstrahl-Luftpumpe in Verbindung steht. (Fig. 7.) Es empfiehlt sich, den Apparat unter dem Abzug aufzubauen, obzwar es bei vorsichtigem Arbeiten nicht unbedingt notwendig ist.

Erhitzt man jetzt das Erz zum Glühen, wobei die Flamme längere Zeit an einer Stelle verweilen muß, so bildet sich zu beiden Seiten der Flamme ein Arsenspiegel, indem metallisches Arsen aus dem Mineral verdampft und sich an den kalten Stellen des Rohres niederschlägt.

$$FeS_2 \cdot FeAs_2 = 2\,FeS + 2\,As$$

Die Wasserstrahlpumpe wird während dieses Teiles des Versuches noch nicht in Tätigkeit gesetzt.

Jetzt entferne man die Flamme auf einige Sekunden, so daß die Verflüchtigung des Arsens zum Stillstand kommt, öffne sodann das Rohr durch Wegnahme des Stopfens S und sauge durch Aufdrehen der Wasserstrahlpumpe einen mäßig starken Luftstrom durch das Rohr hindurch. Wird jetzt wieder geglüht, so ist die Erscheinung eine ganz andere: das entweichende Arsen verbrennt zu *Arsentrioxyd*, As_2O_3 (*Arsenik*):

$$4\,As + 3\,O_2 = 2\,As_2O_3$$

welches als weißer Nebel in die Woulfsche Flasche strömt und sich dort niederschlägt. Sollte durch eine Zufälligkeit der Apparat undicht werden, so unterbreche man den Versuch und lüfte das Zimmer, da die Arsenikdämpfe giftig sind.

Die Niederschlagung von Arsendampf als Arsenspiegel gelingt auch bei sehr kleinen Mengen von Arsenverbindungen, wenn man dabei eine besondere von *Marsh* erfundene Methode anwendet.

Versuch 105 illustriert die zweifache technische Aufarbeitung von Arsenerzen: Durch Glühen in geschlossenen Retorten wird Arsen erhalten, das sich in anschließenden Vorlagen kondensiert. Durch Rösten bei Luftzutritt und Niederschlagen der Dämpfe in gemauerten Kanälen erhält man Arsenik. Arsen wird bei der Schrotbereitung in geringer Menge dem Blei zugesetzt, welches dadurch härter wird (s. Versuch 107). Arsenik dient zum Konservieren von Tierbälgen und zur Herstellung von „Schweinfurter Grün“ (arsenig-essigsaures Kupfer).

Versuch 106. Reaktionen der *arsenigen Säure*. Etwa 1 g Arsentrioxyd wird mit ungefähr 50 ccm Wasser aufgekocht, wobei ein Teil unter Bildung von arseniger Säure, $As(OH)_3$, in Lösung geht:

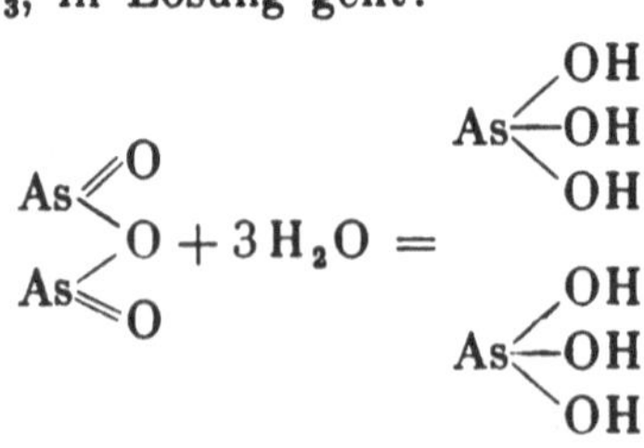

Man filtriere die Lösung und benutze das Filtrat zu folgenden Reaktionen:

a) Mit Silbernitrat und einem Tropfen Ammoniaklösung, den man zweckmäßig mit einem Glasstab hineinbringt, entsteht ein gelber Niederschlag von *Silberarsenit*, $As(OAg)_3$:

$$As(OH)_3 + 3NH_4OH = \underset{\text{Ammoniumarsenit}}{As(ONH_4)_3} + 3H_2O$$

$$As(ONH_4)_3 + 3NO_3Ag = As(OAg)_3 + 3NO_3NH_4$$

Der Zusatz von Ammoniak ist notwendig, da Silberarsenit sich in saurer Lösung nicht bildet. Andererseits ist ein Überschuß von Ammoniak zu vermeiden, da hierdurch der Niederschlag wieder in Lösung geht.

b) Schwefelwasserstoff scheidet aus der mit verdünnter Salzsäure versetzten Lösung gelbes *Arsentrisulfid*, As_2S_3, aus:

$$As(OH)_3 + 3H_2S = As(SH)_3 + 3H_2O$$

Die so entstehende *sulfoarsenige Säure*, $As(SH)_3$, ist unbeständig und zersetzt sich sofort unter Bildung des Trisulfides:

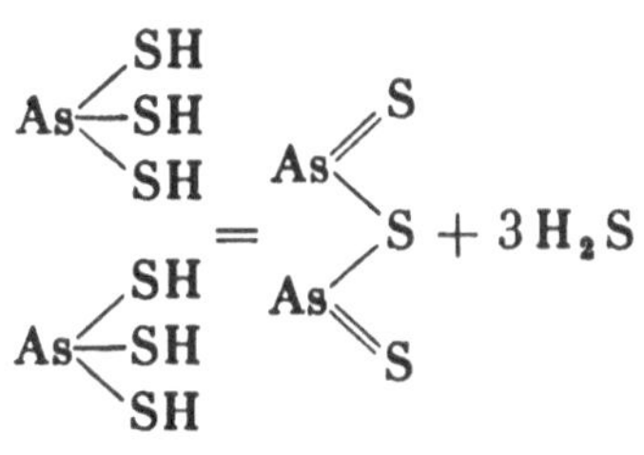

Der Zusatz von Salzsäure ist zur Ausfällung notwendig, weil das Trisulfid anderenfalles kolloidal gelöst bleibt. Man filtriere den Niederschlag und übergieße ihn auf dem Filter mit Schwefelammonium; er löst sich als *Ammoniumsulfoarsenit*, $As(SNH_4)_3$, auf:

$$As_2S_3 + 3(NH_4)_2S = 2As(SNH_4)_3$$

oder

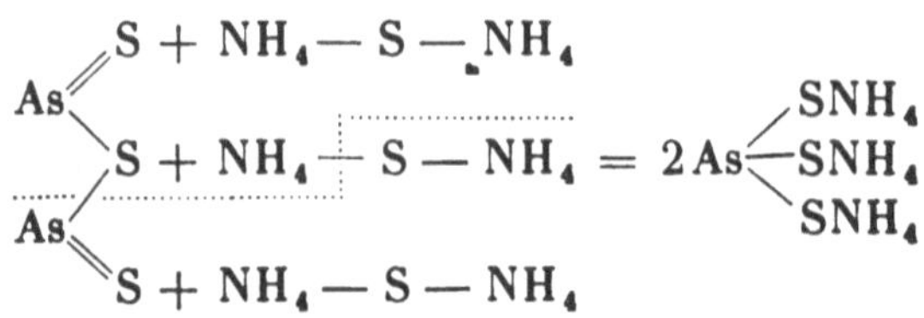

oder mit beiderseitiger Streichung der Ammoniumionen:

$$As_2S_3 + 3S'' = 2[AsS_3]'''$$

Da das Schwefelammonium des Laboratoriums zum Teil aus Ammoniumpolysulfid besteht, so bildet sich außerdem Ammoniumsulfoarseniat, $SAs(SNH_4)_3$:

$$As_2S_3 + 2(NH_4)_2S_2 + (NH_4)_2S = 2\,SAs(SNH_4)_3$$

oder

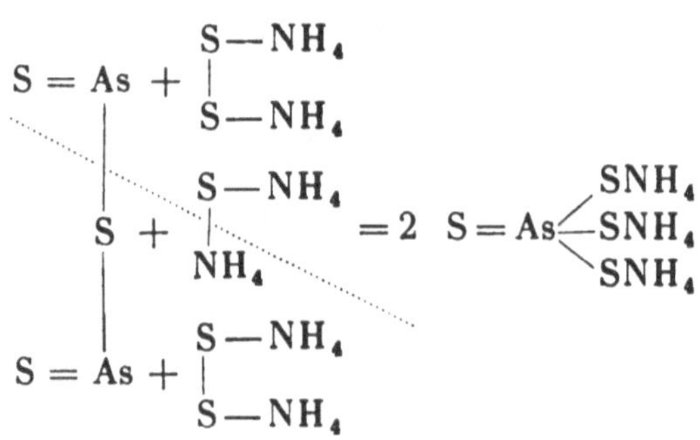

Versuch 107. Nachweis von Arsen im Flintenschrot. 10 g Schrotkörner werden mit 50 ccm verd. Salpetersäure auf dem Drahtnetz unter dem Abzug erhitzt, wobei das Metall sich zu lösen beginnt. Ist die Reaktion in Gang gekommen, so kann sie auf dem Wasserbad zu Ende geführt werden, wobei man portionenweise noch etwa 150 ccm Salpetersäure zusetze und gelegentlich umrühre.

Schrot besteht aus Blei, das behufs Härtung mit etwa 0,5 Prozent Arsen legiert worden ist. Durch die Einwirkung der Salpetersäure bilden sich Bleinitrat, $Pb(NO_3)_2$, und etwas Arsensäure, AsO_4H_3:

$$3\,Pb + 2\,NO_3H = 3\,PbO + 2\,NO + H_2O$$

Bleioxyd

$$3\,PbO + 6\,NO_3H = 3\,Pb(NO_3)_2 + 3\,H_2O$$

$$3\,Pb + 8\,NO_3H = 3\,Pb(NO_3)_2 + 2\,NO + 4\,H_2O$$

$$As + NO_3H + H_2O = As(OH)_3 + NO$$

$$\overset{III}{As}{\begin{matrix} / OH \\ -OH \\ \backslash OH \end{matrix}} + NO_3H = O{=}\overset{V}{As}{\begin{matrix} / OH \\ -OH \\ \backslash OH \end{matrix}} + NO_2H$$

Arsenige Säure — Arsensäure

$$As + 2\,NO_3H + H_2O = AsO_4H_3 + NO + NO_2H$$

Die Arsensäure bleibt in Lösung, das Bleinitrat scheidet sich zum Teil krystallinisch aus.

Zum Nachweis der Arsensäure wird das Reaktionsgemisch unter dem Abzug mit 30 ccm konz. Schwefelsäure versetzt, die man vorsichtig und in kleinen Portionen zugebe. Das Blei fällt als weißes Sulfat, SO_4Pb, aus:

$$Pb(NO_3)_2 + SO_4H_2 = 2\,NO_3H + SO_4Pb$$

Da die Ausscheidung des Bleisulfates bei Gegenwart von Salpetersäure nicht vollkommen ist, so muß letztere durch Kochen ausgetrieben werden. Das zurückbleibende Gemisch von Bleisulfat, Schwefelsäure und Arsensäure lasse man abkühlen, gieße es dann in etwa 200 ccm Wasser und filtriere vom Bleisulfat ab. In das Filtrat wird Schwefelwasserstoff eingeleitet. Hierbei äußert die Arsensäure zum Teil ihren Charakter als Oxydationsmittel, indem sie durch den Schwefelwasserstoff reduziert wird:

$$AsO_4H_3 + H_2S = AsO_3H_3 + S + H_2O$$

und dann erst Arsentrisulfid ausfällt:

$$2\,AsO_3H_3 + 3\,H_2S = As_2S_3 + 6\,H_2O$$

Zum Teil scheidet sich direkt Arsenpentasulfid aus:

$$2\,AsO_4H_3 + 5\,H_2S = As_2S_5 + 8\,H_2O$$

Zum weiteren Nachweis des Arsens kann man den Niederschlag durch Filtration sammeln, mit der Spritzflasche in eine Schale spülen und durch Kochen mit wenig konz. Salzsäure unter Zusatz von etwas chlorsaurem Kalium lösen:

$$ClO_3K + 6\,HCl = 6\,Cl + KCl + 3\,H_2O$$

$$As_2S_3 + 10\,Cl = \underset{\text{Arsenpentachlorid}}{2\,AsCl_5} + 3\,S$$

$$2\,AsCl_5 + 8\,H_2O = 2\,AsO_4H_3 + 10\,HCl$$

In entsprechender Weise geht auch Arsenpentasulfid in Arsensäure über. Gleichzeitig wird der Schwefel zu Schwefelsäure oxydiert.

Man verjage den Überschuß an Chlor, nehme den Rückstand mit wenig Wasser auf, mache mit Ammoniak alkalisch und füge Magnesiamixtur (s. Versuch 58) hinzu. Es scheidet sich entweder sofort oder beim Reiben der inneren Gefäßwand mit einem Glasstab kristallinisches Magnesiumammoniumarseniat, AsO_4MgNH_4, aus:

$$O = As\begin{cases}ONH_4\\ONH_4\\ONH_4\end{cases} + MgCl_2 = O = As\begin{cases}ONH_4\\O\\O\end{cases}\!\!>Mg + 2\,NH_4Cl$$

Der Niederschlag ist für arsensaure Salze charakteristisch; mit denen der arsenigen Säure entsteht er nicht.

8. Antimon.

Versuch 108. Ein bohnengroßes Stück Grauspießglanz (Schwefelantimon, Sb_2S_3) wird fein gepulvert und in einer Porzellanschale mit 20 ccm konz. Salzsäure auf dem Wasserbad unter dem Abzug verrührt, wobei das Erz unter Entweichen von Schwefelwasserstoff als Antimontrichlorid in Lösung geht:

$$Sb_2S_3 + 6\ HCl = 2\ SbCl_3 + 3\ H_2S$$

Sollten größere Mengen des Minerals ungelöst bleiben, so erwärme man weiter mit noch etwas Salzsäure. Sobald der Schwefelwasserstoff vollkommen verjagt ist, was sich am Aufhören der Gasentwicklung erkennen läßt und ungefähr 10 Minuten dauert, dekantiere man von dem etwa verbleibenden Rückstand und stelle mit der Lösung folgende Reaktionen an:

a) mit Wasser fällt weißes Antimonoxychlorid (Antimonylchlorid, SbOCl) aus:

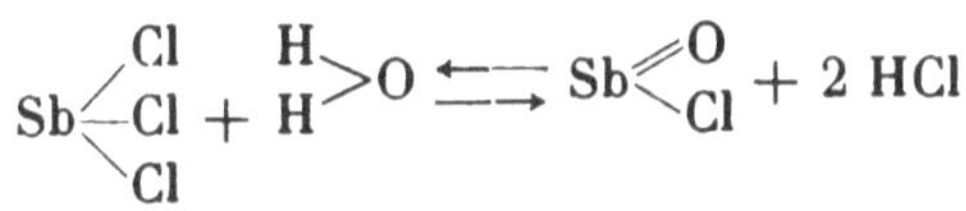

War beim Zersetzen des Erzes nicht jede Spur von Schwefelwasserstoff vertrieben worden, so mischt sich etwas Antimonsulfid dem Antimonoxychlorid bei (s. die Reaktionsgleichung bei c).

Man löse das Antimonoxychlorid durch Zusatz von wenig konz. Salzsäure, filtriere von etwa ungelöst bleibender Substanz ab und füge

b) zu einem Teil des Filtrates wenig Natronlauge. Ausscheidung von antimoniger Säure, $Sb(OH)_3$:

$$SbCl_3 + 3\ NaOH = Sb(OH)_3 + 3\ NaCl$$

die alsbald in Antimontrioxyd, Sb_2O_3 übergeht:

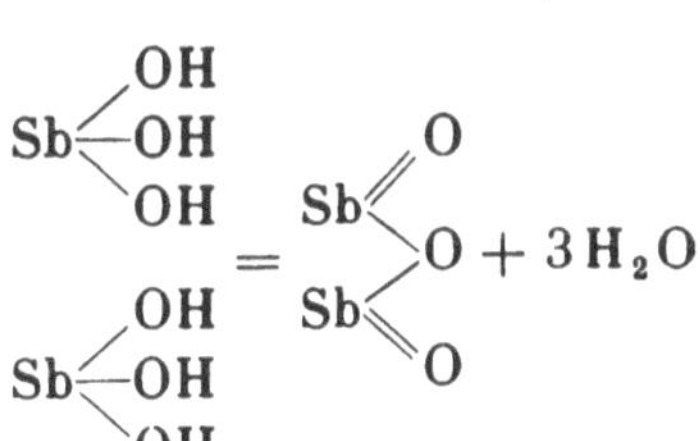

Beim weiteren Zusatz von Natronlauge löst sich der Niederschlag zu Natriumantimonit, $Sb(ONa)_3$:

$$Sb(OH)_3 + 3\,NaOH = Sb(ONa)_3 + 3\,H_2O$$

Dabei zeigt sich meistens etwas Ferrihydroxyd, da das Erz eisenhaltig zu sein pflegt.

c) in einen anderen Teil des Filtrates leite man Schwefelwasserstoff ein. Niederschlag von Antimontrisulfid, welches nicht wie das natürliche schwarz, sondern rot ist.

$$2\,SbCl_3 + 3\,H_2S = Sb_2S_3 + 6\,HCl$$

Man filtriere und übergieße den Niederschlag auf dem Filter mit Schwefelammonium, wobei Lösung zu Ammoniumsulfoantimonit und Ammoniumsulfoantimoniat stattfindet.

$$Sb_2S_3 + 3(NH_4)_2S = 2\,Sb\,(SNH_4)_3$$
$$Sb_2S_3 + 2(NH_4)_2S_2 + (NH_4)_2S = 2\,SSb\,(SNH_4)_3$$

Die Reaktionen sind denen des Arsens analog. Vergl. Versuch 106 b und die dort gegebenen Erläuterungen.

Versuch 109. Ein kleines Stück Grauspießglanz wird fein gepulvert und mit der ein- bis zweifachen Menge wasserfreier Soda gemischt auf Holzkohle vors Lötrohr gebracht. Man röste zuerst kurze Zeit in der Oxydationsflamme:

$$Sb_2S_3 + 9\,O = Sb_2O_3 + 3\,SO_2$$

und glühe dann in der Reduktionsflamme:

$$Sb_2O_3 + 3\,C = 2\,Sb + 3\,CO$$

Die Soda dient teils zur Verschlackung der Gangart, teils bildet sie mit dem Schwefel des Erzes eine braune Schmelze. In der Reduktionsflamme fließen kleine glänzende Metallkörner zusammen, die nach Entfernen der Flamme von einer Schicht von Antimontrioxyd bedeckt sind:

$$2\,Sb + 3\,O = Sb_2O_3$$

Zugleich lagert sich ein charakteristischer weißer Beschlag von Antimonoxyd auf der Holzkohle ab.

Grauspießglanz ist das wichtigste Antimonerz und wird durch Rösten und darauf folgende Reduktion oder durch Glühen mit Eisen:

$$Sb_2S_3 + 3\,Fe = 2\,Sb + 3\,FeS$$

auf Antimon verarbeitet. Das Metall dient zur Herstellung von Legierungen: *Britanniametall* (etwa 90% Zinn, 9% Antimon, 1% Kupfer; für Hausgerät), *Weißmetall* (*Antifriktionsmetall*, dem vorigen ähnlich, für Stopfbüchsen). Das Antimon verleiht diesen Legierungen Härte. *Hartblei* (Blei mit etwa 15% Antimon); erstarrt beim Gießen unter Ausdehnung, so daß die Gußformen scharf ausgefüllt werden. Daher die Verwendung für *Buchdrucklettern*.

Versuch 110. Eine wässerige Lösung von *Brechweinstein* (*antimonylweinsaures Kalium*) zeigt die Reaktionen des Antimons. Mit wenig verd. Salzsäure entsteht ein weißer Niederschlag von Antimonylchlorid:

$$\underset{\text{antimonylweinsaures Kalium}}{[SbOC_4H_4O_6]K} + HCl = \underset{\text{Antimonylweinsäure}}{[SbOC_4H_4O_6]H} + KCl$$

$$[SbOC_4H_4O_6]H + HCl = SbOCl + \underset{\text{Weinsäure}}{C_4H_6O_6}$$

Durch weiteren Zusatz von Salzsäure geht das Antimonylchlorid wieder in Lösung. Beim Einleiten von Schwefelwasserstoff fällt Antimontrisulfid aus.

Brechweinstein wird durch Kochen von Antimontrioxyd mit Weinstein (saures weinsaures Kalium, vergl. Versuch 46) dargestellt:

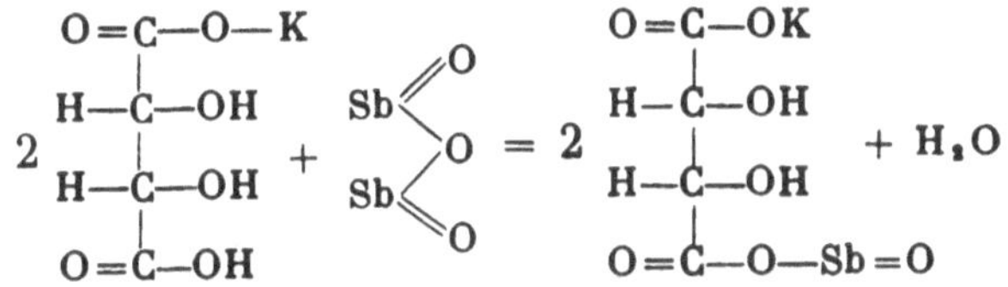

saures weinsaures Kalium antimonylweinsaures Kalium

Es ist die technisch wichtigste Antimonverbindung, da sie in großen Mengen zum Beizen von Baumwolle beim Färben mit sogenannten basischen Farbstoffen dient.

9. Zinn.

Versuch 111. Eine Messerspitze fein gepulverten reichhaltigen indischen oder bolivianischen *Zinnsteins*

(Zinndioxyd, SnO_2) wird mit gleichviel kalzinierter Soda und Cyankalium gemischt und auf Holzkohle der reduzierenden Flamme ausgesetzt. Die Soda verschlackt die Gangart, und das Cyankalium wirkt reduzierend:

$$SnO_2 + 2CNK = Sn + 2CNOK$$

Cyankalium cyansaures Kalium

Im Schmelzfluß erscheinen glänzende Metallkügelchen, ein Beschlag wie beim Antimon bildet sich nicht. Man kratze die geglühte Stelle heraus und verreibe mit wenig Wasser im Mörser, wobei die Zinnkörner zum Vorschein kommen.

In größerem Maßstabe läßt sich dieser Versuch anstellen, indem man 2 g Zinnstein mit 2 g Cyankalium und 2 g Soda $^1/_4$ Stunde im bedeckten Porzellantiegel auf dem Gebläse glüht und die Schmelze mit Wasser löst.

Zinnstein wird in der hüttenmännischen Praxis mit Kohle geglüht, welche ebenso, nur langsamer wirkt wie Cyankalium:

$$SnO_2 + 2C = Sn + 2CO$$

Bei metallurgischen Laboratoriumsversuchen empfiehlt sich Cyankalium, weil es geschmolzen das Erz durchdringt und darum sehr rasch reduziert.

Versuch 112. Einige Schnitzel Weißblech (verzinntes Eisen) im Gesamtgewicht von ungefähr 20 g werden mit 25 ccm konz. Salzsäure erwärmt, bis die blanke Zinnschicht verschwunden ist und das graue Eisenblech zum Vorschein kommt, was nach einigen Minuten eintritt. Das Zinn löst sich dabei als Stannochlorid $SnCl_2$:

$$Sn + 2HCl = SnCl_2 + 2H$$

Die Lösung wird abgegossen und mit einer Lösung von Merkurichlorid (Quecksilberchlorid), $HgCl_2$, versetzt. Es entsteht ein weißer Niederschlag von Merkurochlorid (Quecksilkerchlorür), HgCl, und beim Erwärmen graues Quecksilber:

$$\overset{II}{SnCl_2} + 2\,HgCl_2 = \overset{IV}{SnCl_4} + 2\,HgCl$$

Stannochlorid Stannichlorid

$$SnCl_2 + 2\,HgCl = SnCl_4 + 2\,Hg$$

Quecksilber.

Zinn nähert sich in seiner Widerstandsfähigkeit gegen Wasser und Luft den Edelmetallen, weshalb man Eisen damit überzieht. Dabei wird blankes Eisenblech derart in geschmolzenes Zinn getaucht, daß nur ein sehr dünner Überzug haften bleibt, da Zinn wesentlich teurer ist als Eisen (vergl. die Tabelle am Schluß des Kapitels „Schwermetalle.")

Versuch 113. Ein etwa handgroßes Stück Stanniol wird unter dem Abzug mit 8 ccm Königswasser (6 ccm konz. Salzsäure + 2 ccm konz. Salpetersäure) übergossen, wobei das Metall durch das entstehende Chlor (vergl. Versuch 28) unter heftiger Reaktion als Stannichlorid, $SnCl_4$, gelöst wird:

$$Sn + 4\,Cl = SnCl_4$$

Man verdampfe die Säuren auf dem Wasserbad, bis der Rückstand syrupös geworden ist. Beim Abkühlen und Kratzen mit dem Glasstab erstarrt das Stannichlorid zu einer weißen Masse.

Stannichlorid wird durch Entzinnen von Weißblechabfällen mit Chlor gewonnen und zusammen mit Wasserglas und Natriumphosphat zum Beschweren von Seide verwendet. Dieser Faserstoff hat die Fähigkeit, solche Mengen jener Chemikalien aus wässriger Lösung aufzunehmen, daß sein Gewicht vervielfacht werden kann. Billige Seidenstoffe bestehen meist zur Hälfte aus derartiger Beschwerung.

Man nehme das erhaltene Stannichlorid mit wenig Wasser auf und gieße die Lösung, welche trübe ist, in ein Reagenzglas. Die Trübung wird durch Hydrolyse und das Entstehen von kolloidalem Stannihydroxyd, $Sn(OH)_4$ (Orthozinnsäure) verursacht:

$$SnCl_4 + 4\,H_2O \rightleftarrows Sn(OH)_4 + 4\,HCl$$

Man teile die Lösung in zwei Teile und versetze:

a) mit wenig Natronlauge. Ausscheidung von Stannihydroxyd:

$$SnCl_4 + 4\,NaOH = Sn(OH)_4 + 4\,NaCl$$

Durch weiteren Zusatz von Natronlauge löst sich der Niederschlag unter Bildung eines Salzes, welches wahrscheinlich nicht die zu erwartende Formel $Sn(ONa)_4$ hat, sondern komplex zusammengesetzt ist:

$$Sn(OH)_4 + 2\,NaOH = [Sn(OH)_6]Na_2$$

b) Beim Einleiten von Schwefelwasserstoff fällt *Stannisulfid*, SnS_2, aus:

$$SnCl_4 + 2\,H_2S = SnS_2 + 4\,HCl$$

Man filtriere und übergieße den Rückstand mit etwas Schwefelammonium, das man zweckmäßig vorher in einem Reagenzglas erwärmt. Das Schwefelzinn löst sich zu *Ammoniumsulfostannat*, $SnS_3(NH_4)_2$:

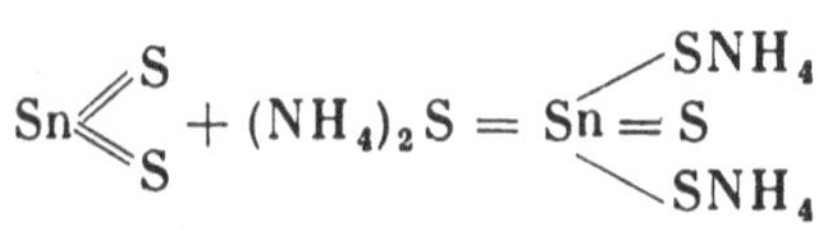

Versuch 114. Ein Stück Stanniol von etwa 1 g Gewicht wird in einer Schale unter dem Abzug mit 10 ccm verd. Salpetersäure übergossen. Das Metall geht unter heftiger Entwicklung von Stickoxyden in *Metazinnsäure*, SnO_3H_2 über:

$$\begin{matrix} NO \vdots OOH \\ \cdots\cdots \\ NOO \vdots OH \end{matrix} + Sn = NO + NO_2 + SnO_3H_2$$

Man spüle den Inhalt der Schale mit Wasser in ein Reagenzglas. Die Metazinnsäure erscheint als weiße pulvrige Substanz, die in Wasser und in verd. Natronlauge unlöslich ist.

Versuch 115. Ein *Zweipfennigstück* wird durch Erwärmen mit 25 ccm konz. Salpetersäure gelöst, wobei neben viel Kupfernitrat und Zinknitrat etwas Metazinnsäure entsteht:

$$3\,Cu + 2\,NO_3H = 3\,CuO + 2\,NO + H_2O$$

$$\underline{3\,CuO + 6\,NO_3H = 3\,Cu(NO_3)_2 + 3\,H_2O}$$

$$3\,Cu + 8\,NO_3H = 3\,Cu(NO_3)_2 + 2\,NO + 4\,H_2O$$

$$3\,Zn + 8\,NO_3H = 3\,Zn(NO_3)_2 + 2\,NO + 4\,H_2O$$

$$Sn + 2\,NO_3H = SnO_3H_2 + NO + NO_2$$

Man verdünne mit 75 ccm Wasser und koche, wobei die anfangs sehr fein verteilte Metazinnsäure sich zusammenballt und deutlich sichtbar wird.

Legierungen von Kupfer und Zinn nennt man Bronzen. Das Zinn erleichtert die Gießbarkeit und erhöht die Härte. Es enthalten:

Glockenbronze	ca. 80 % Cu,	20 % Sn		
Kunstbronze	„ 85 % Cu,	7 % Sn,	6 % Zn,	2 % Pb.
Münzen (deutsche)	„ 95 % Cu,	4 % Sn,	1 % Zn	

Weichlot (Zinn und Blei) und Britanniametall (Zinn, Antimon, Kupfer) sind bereits erwähnt worden. Vergl. Versuche 38 und 109.

10. Wismut.

Versuch 116. 21 g Wismut (= ca. $^1/_{10}$ Grammatom) werden im Stahlmörser gepulvert und in einem Becherglas unter dem Abzug durch Erwärmen mit 100 ccm verd. Salpetersäure vom spez. Gew. 1,2 in Wismutnitrat verwandelt:

$$2\,Bi + 2\,NO_3H = \underset{\text{Wismuttrioxyd}}{Bi_2O_3} + 2\,NO + H_2O$$

$$Bi_2O_3 + 6\,NO_3H = \underset{\text{Wismutnitrat}}{2\,Bi(NO_3)_3} + 3\,H_2O$$

Die Lösung wird eingedampft und durch gelegentliches Abgießen einer Probe im Reagenzglas auf Kristallisation geprüft. Dabei kühle man das Reagenzglas in fließendem Wasser ab und kratze mit einem Glasstab an der inneren Wandung. Sobald sich Kristalle zeigen, wird das Eindampfen unterbrochen und die Gesamtmenge der Kristallisation überlassen. Nach dem Abtropfen der Mutterlauge trocknet man die Kristalle, welche die Formel $Bi(NO_3)_2 . 5\,H_2O$ haben, auf Fließpapier.

Die so erhaltene Substanz wird gewogen und mit der 25fachen Menge Wassers hydrolysiert, wobei es sich empfiehlt, die Kristalle mit einem kleinen Teil des Wassers zu zerreiben und diese Mischung unter Umrühren in die Hauptmenge des Wassers einzugießen, die man vorher zum Sieden erhitzt hat. Die Hydrolyse verläuft nach den Gleichungen:

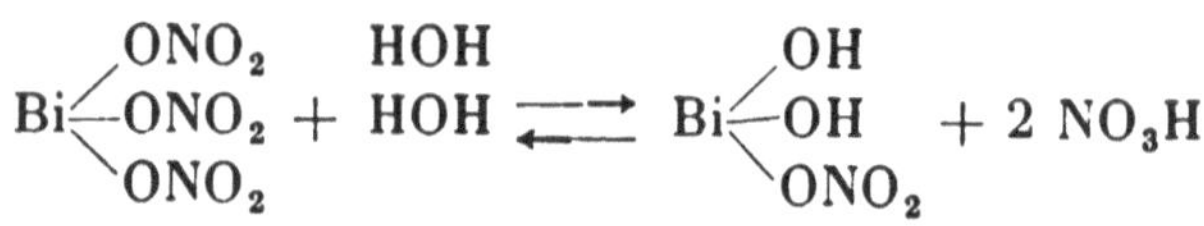

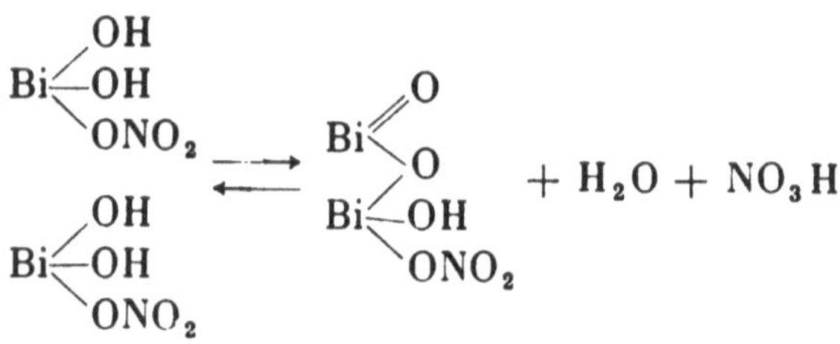

Dem so entstehenden *basischen Wismutnitrat* sind noch andere ähnliche Salze beigemengt. Das Gemisch scheidet sich als schimmernder kleinkristallinischer Niederschlag aus, den man nach dem Filtrieren auf Fließpapier trockne.

Wismut nähert sich den edeln Metallen, indem es zum großen Teil gediegen, obwohl in Mischung mit Arsen-, Nickel- und Kobalterzen, vorkommt. Es dient zusammen mit Blei, Zinn und Cadmium zur Herstellung *leichtflüssiger Legierungen* (vergl. S. 81), besonders aber zur Darstellung von basischem Wismutnitrat („*Magisterium Bismuti*“ *des deutschen Arzneibuches*) und von *basisch gallussaurem Wismut* („*Dermatol*“, Wundheilmittel).

Die Leichtigkeit, mit der Wismutnitrat hydrolysiert wird und Salpetersäure abspaltet, zeigt seinen teilweise metalloiden Charakter und seine Zugehörigkeit zu Arsen, Antimon und Zinn.

Versuch 117. Man löse ein wenig des basischen Wismutnitrates in verdünnter Salpetersäure:

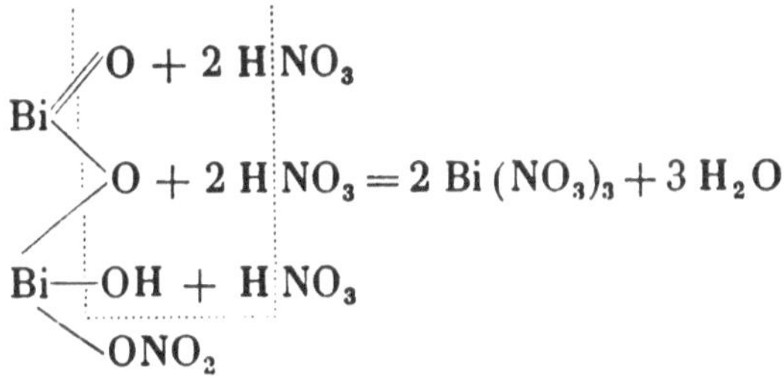

und führe damit folgende Reaktionen aus:

a) Mit Natronlauge entsteht ein Niederschlag von *Wismuthydroxyd*, $Bi(OH)_3$:

$$Bi(NO_3)_3 + 3\,NaOH = Bi(OH)_3 + 3\,NO_3Na$$

b) Beim Einleiten von Schwefelwasserstoff fällt braunes *Wismutsulfid*, Bi_2S_3 aus:

$$2\,Bi(NO_3)_3 + 3\,H_2S = Bi_2S_3 + 6\,NO_3H$$

c) Man stelle eine verdünnte Lösung von *Stannochlorid* her, indem man ein Kriställchen davon in mindestens 10 ccm Wasser löst. Dazu setze man tropfenweise verdünnte Natronlauge, bis der zuerst entstehende Niederschlag von *Stannohydroxyd*, $Sn(OH)_2$, unter Bildung von *Natriumstannit* $Sn(ONa)_2$ in Lösung gegangen ist:

$$SnCl_2 + 2\,NaOH = Sn(OH)_2 + 2\,NaCl$$

$$Sn(OH)_2 + 2\,NaOH = Sn(ONa)_2 + 2\,H_2O.$$

Werden jetzt einige Tropfen Wismutnitratlösung hinzugegeben, so scheidet sich zuerst unter dem Einfluß der Natronlauge Wismuthydroxyd, dann *metallisches Wismut* in Form eines schwarzen Niederschlages aus:

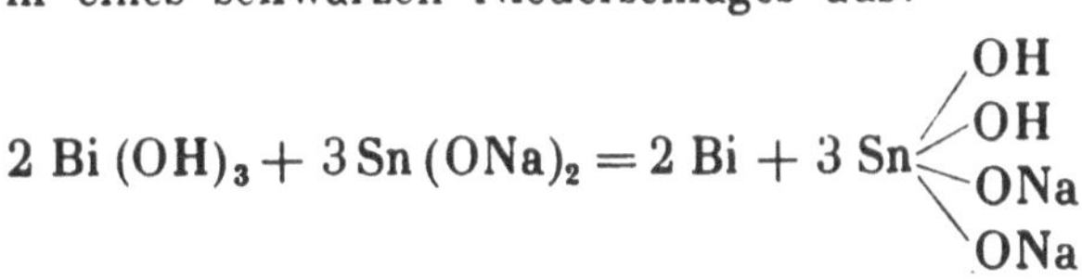

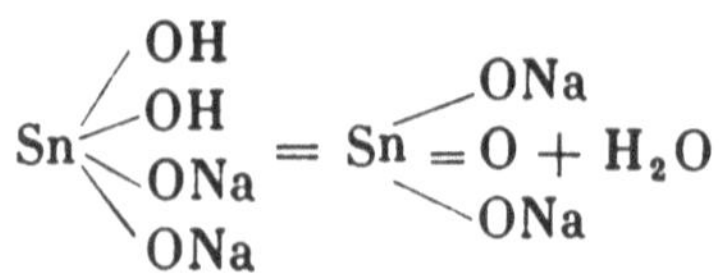

Natriumstannat

Die Zinnverbindung wirkt also ebenso wie bei Versuch 112 reduzierend, indem das anfangs zweiwertige Zinn vierwertig wird. Das entstehende Natriumstannat bleibt in Lösung.

Wismut äußert hier seinen Charakter als halbedles Metall, indem es den Säurerest mit Leichtigkeit abgibt.

11. Blei.

Versuch 118. 1 g *Bleiglanz*, PbS, wird gepulvert und mit 10 ccm konzentrierter Salpetersäure erwärmt. Hierbei findet Lösung zu *Bleinitrat* statt:

$$3\,PbS + 8\,NO_3\,H = 3Pb(NO_3)_2 + 3\,S + 2\,NO + 4\,H_2O.$$

Ein Teil des Schwefels sammelt sich geschmolzen an, ein anderer wird durch die Salpetersäure zu Schwefelsäure oxydiert:

$$S + 2\,NO_3H = SO_4H_2 + 2\,NO$$

worauf Ausfällung von *Bleisulfat* erfolgt:

$$Pb(NO_3)_2 + SO_4H_2 = SO_4Pb + 2\,NO_3H.$$

Man verdünne mit Wasser, filtriere, spüle das Bleisulfat mit der Spritzflasche in ein Becherglas und erwärme mit einer Lösung von *weinsaurem Ammonium* und *Ammoniak*, die durch Lösen von etwas gepulverter Weinsäure in einem Überschuß von wässrigem Ammoniak bereitet wurde. Die Lösung muß soviel Ammoniak enthalten, daß sie stark danach riecht. Das Bleisulfat geht als *komplexes bleiweinsaures Ammonium* in Lösung:

$$SO_4Pb + [C_4H_4O_6](NH_4)_2 + 2\,NH_4OH =$$
$$[C_4H_2PbO_6](NH_4)_2 + SO_4(NH_4)_2 + 2\,H_2O.$$

Man kann diese Gleichung folgendermaßen zergliedern:

$$SO_4Pb + \begin{matrix} COONH_4 \\ | \\ CHOH \\ | \\ CHOH \\ | \\ COONH_4 \end{matrix} = \begin{matrix} COONH_4 \\ | \\ CHO \\ | \\ CHO \\ | \\ COONH_4 \end{matrix}\!\!>\!Pb + SO_4H_2$$

weinsaures Ammonium — bleiweinsaures Ammonium

$$SO_4H_2 + 2\,NH_4OH = SO_4(NH_4)_2 + 2\,H_2O$$

Die hier mitgeteilte Konstitutionsformel des bleiweinsauren Ammoniums steht nicht fest.

Durch diese Reaktion unterscheidet sich das Bleisulfat von dem ihm sonst ähnlichen Baryumsulfat.

Versuch 119. 3 g Bleioxyd (Bleiglätte, PbO) werden gepulvert und mit 3 g Cyankalium im Mörser gemischt. Man fülle das Ganze in ein Rohr aus schwer schmelzbarem Glase, wie es zu Versuch 51 verwendet wurde, spanne das Rohr in eine Klammer und glühe den unteren Teil mit einer kräftigen Flamme, zweckmäßig mit der eines einflammigen Teclubrenners. In kurzer Zeit sammelt sich das geschmolzene Blei am Boden der Röhre an:

$$PbO + CNK = Pb + CNOK$$

Bleiglanz ist das wichtigste Bleierz. Es wird durch Rösten in Bleioxyd verwandelt und dann durch Glühen mit Koks reduziert.

$$PbS + 3\,O = PbO + SO_2$$
$$PbO + C = Pb + CO$$

Beim Rösten bleibt leicht ein Teil des Schwefelbleis unverändert, ein anderer oxydiert sich zu Bleisulfat. Beim Glühen geben aber auch diese Anteile metallisches Blei:

$$PbS + 2\,PbO = 3\,Pb + SO_2$$
$$PbS + PbSO_4 = 2\,Pb + 2\,SO_2$$

Versuch 120. Die bei Versuch 119 entstandenen Bleikörner werden durch Zerschlagen der Röhre und Auslaugen des Cyankaliums und cyansauren Kaliums mit heißem Wasser isoliert. Nach gründlichem Auswaschen des Metalles, dem keine Cyanverbindung mehr anhaften darf, löse man es durch Erwärmen mit verdünnter Salpetersäure:

$$3\,Pb + 8\,NO_3H = 3\,Pb(NO_3)_2 + 4\,H_2O + 2\,NO$$

War die Säure nicht hinreichend verdünnt, so scheiden sich weiße Kristalle von Bleinitrat aus. In dem Falle muß mehr Wasser hinzugesetzt werden.

Man verteile die Lösung des Bleinitrats auf mehrere Reagenzgläser und führe folgende Reaktionen aus:

a) Mit verdünnter Natronlauge entsteht ein weißer Niederschlag von Bleihydroxyd:

$$Pb(NO_3)_2 + 2\,NaOH = Pb(OH)_2 + 2\,NO_3Na$$

Der Niederschlag löst sich im Überschuß von Natronlauge:

$$Pb(OH)_2 + NaOH = PbO_2NaH + H_2O$$

Das so entstehende Natriumplumbit hat die Formel $Pb\begin{matrix}\diagup OH \\ \diagdown ONa\end{matrix}$ oder, nach einer neueren Auffassung, $H\cdot Pb\begin{matrix}\diagup\!\!\diagup O \\ \diagdown ONa\end{matrix}$

b) Sodalösung. Weißer Niederschlag von basischem Bleikarbonat, indem Bleikarbonat in Bindung mit wechselnden Mengen Bleihydroxyd ausfällt. Der Vorgang entspricht ungefähr der Gleichung:

$$3\,Pb(NO_3)_2 + 3\,CO_3Na_2 + H_2O = Pb(OH)_2 \cdot 2\,CO_3Pb + 6\,NO_3Na + CO_2$$

Blei wird wegen seiner Weichheit, Biegsamkeit und Billigkeit zu Röhren verarbeitet. Würde man durch diese Wasser hindurchleiten, welches nur Luftsauerstoff enthielte, im übrigen aber chemisch rein wäre, so dürfte man das Wasser nicht trinken, da sich unter solchen Umständen Bleihydroxyd bildet:

$$Pb + O_2 + 2\,H_2O = Pb\,(OH)_2 + H_2O_2,$$

welches etwas löslich ist und giftig wirkt. Da aber Wasser für gewöhnlich Sulfate und Karbonate enthält (vgl. S. 44 u. 45), so umkleiden sich die Röhren innen mit Bleisulfat und basischem Bleikarbonat, welche nicht in Lösung gehen und darum die Trinkbarkeit des Wassers nicht beeinträchtigen.

c) Beim Einleiten von Schwefelwasserstoff entsteht schwarzes Bleisulfid:

$$Pb(NO_3)_2 + H_2S = PbS + 2\,NO_3H.$$

d) Die für Blei sehr charakteristischen Niederschläge mit Schwefelsäure und mit Kaliumbichromat waren bereits Gegenstand der Versuche 99c, 107 und 118.

Versuch 121. Ein wenig M e n n i g e, Pb_3O_4, wird mit verdünnter Salpetersäure übergossen, wodurch die rote Farbe verschwindet und Spaltung in braunes B l e i d i o x y d (Bleisuperoxyd, PbO_2) und in Bleinitrat erfolgt:

$$Pb_3O_4 + 4\,NO_3H = PbO_2 + 2\,Pb(NO_3)_2 + 2\,H_2O$$

oder:

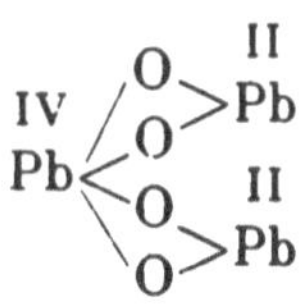 $+ 4\,NO_3H = \overset{IV}{Pb}(OH)_4 + 2\,\overset{II}{Pb}(NO_3)_2$

$$Pb(OH)_4 = Pb{\lt}^{O}_{O} + 2\,H_2O$$

Die Verbindung $Pb(OH)_4$ kann man analog der Orthokieselsäure $Si(OH)_4$ als O r t h o b l e i s ä u r e bezeichnen. PbO_2 entspricht den Dioxyden SiO_2, CO_2 und SnO_2. Mennige ist demnach das Bleisalz der Orthobleisäure.

Man filtriere das Bleidioxyd von der Lösung des Bleinitrates ab, löse ein Kriställchen T e t r a m e t h y l d i a m i d o d i p h e n y l m e t h a n, $((CH_3)_2N.C_6H_4)_2CH_2$, in einigen ccm Essigsäure und bringe dazu ein wenig des Bleidioxydschlammes, den man mit einem Glasstab vom Filter kratzt. Sofort findet intensive Blaufärbung statt, indem die organische Substanz oxydiert wird:

$$((CH_3)_2N.C_6H_4)_2CH_2 + PbO_2 = ((CH_3)_2N.C_6H_4)\ CHOH + PbO.$$

Mennige wird als Nebenprodukt der Natriumnitritfabrikation (vgl. Versuch 25) gewonnen, indem man das dort abfallende Bleioxyd bei Luftzutritt erhitzt.

$$3\,PbO + O = Pb_3O_4$$

Mit Leinöl gemischt, dient Mennige als Anstrichfarbe. Beim Kochen von Leinöl mit Mennige (oder anderen Blei- oder auch Manganverbindungen) erhöht sich die Aufnahmefähigkeit des Leinöls für Luftsauerstoff, was für die Herstellung „rasch trocknender" Firnisse von Bedeutung ist. Das „Trocknen" beruht auf der Oxydation des Leinöls.

Mennige wird mit Sand und Kaliumkarbonat zu Bleiglas verschmolzen. Es bricht das Licht und glänzt stärker als Kalkglas und dient darum zur Herstellung von Ziergläsern.

Versuch 122. Eine Lösung von Bleiacetat oder eines anderen löslichen Bleisalzes erwärme man mit filtrierter Chlorkalklösung. Das im Chlorkalk enthaltene Kalziumhydroxyd fällt Bleihydroxyd aus:

$$Pb(COCH_3)_2 + Ca(OH)_2 = Pb(OH)_2 + Ca(COCH_3)_2.$$

Dieses wird durch den Hauptbestandteil des Chlorkalks, CaCl(OCl) (gemischtes Salz der Salzsäure und der unterchlorigen Säure) zu Metableisäure PbO_3H_2 oxydiert:

$$Pb(OH)_2 + Ca\genfrac{}{}{0pt}{}{OCl}{Cl} = Pb\genfrac{}{}{0pt}{}{\genfrac{}{}{0pt}{}{OH}{=O}}{OH} + CaCl_2$$

Erwärmt man ein wenig des so erhaltenen braunen Schlammes mit einer essigsauren Lösung von Tetramethyldiamidodiphenylmethan, so findet dieselbe Farbreaktion wie bei Versuch 121 statt. Die Metableisäure wirkt also ebenso oxydierend wie ihr Anhydrid, das Bleidioxyd, in das sie schon bei gelindem Erhitzen übergeht:

$$PbO_3H_2 = PbO_2 + H_2O.$$

Metableisäure („Bleisuperoxydschlamm") wird nach Art von Versuch 122 in der Industrie der Teerfarbstoffe benutzt. —

Stellt man Platten von Blei und Bleiplatten, die mit Bleisuperoxyd überzogen sind, in elektrisch leitender Verbindung und geeigneter Schaltung in verdünnte Schwefelsäure, so entsteht ein „Akkumulator". Indem sich die Bleiplatten mit Bleisulfat überziehen, und gleichzeitig auch die Bleidioxydschichten in Bleisulfat übergehen:

$$Pb + PbO_2 + 2\,SO_4H_2 = 2\,SO_4Pb + 2\,H_2O$$

wird ein elektrischer Strom erzeugt.

Versuch 123. 2 g Bleiweiß, $Pb(OH)_2.2\,PbCO_3$, werden durch gelindes Erwärmen mit 100 ccm verdünnter Salzsäure gelöst:

$$Pb(OH)_2.\,2\,PbCO_3 + 6\,HCl = 3\,PbCl_2 + 4\,H_2O + 2\,CO_2.$$

In die so entstandene Lösung von Bleichlorid stelle man ein blankes Stück Zink, worauf sich das Blei ausscheidet und Zink in Lösung geht:

$$PbCl_2 + Zn = Pb + ZnCl_2$$

oder:

$$Pb^{\cdot\cdot} + Zn = Pb + Zn^{\cdot\cdot}$$

Bleiweiß wird durch Einhängen von Bleiplatten in Dämpfe von Essigsäure und in Kohlendioxyd dargestellt. Die Essigsäure bildet Bleiacetat, welches durch Kohlensäure und Wasser in basisches Bleikarbonat verwandelt wird.

Das Bleiweiß ist trotz seiner Giftigkeit ein zum Anstrich sehr viel gebrauchtes Pigment, weil seine Deckkraft (s. S. 50) eine große ist.

Die Ausscheidung des Bleies aus der Lösung seiner Salze durch Zink läßt sich auf die größere „Elektroaffinität“ des Zinkes zurückführen. Man versteht darunter die Verwandtschaft der Atome zu den Elektronen. Sie ist beim Blei geringer als beim Zink und allgemein um so geringer, je edler ein Metall ist. Blei ist also edler als Zink.

Die Metalle Arsen, Antimon, Wismut, Zinn, Blei kann man in eine Gruppe zusammenfassen, weil sie

1. in manchen Reaktionen metalloiden (säurebildenden) Charakter haben,

2. niedriger schmelzen als die Metalle der Gruppe, die oben als die „Eisengruppe“ gekennzeichnet wurde. Die Schmelzpunkte sind in Celsiusgraden ungefähr:

Eisen	1540	Arsen	480
Mangan	1400	Antimon	625
Chrom	3000 (?)	Zinn	232
Nickel	1480	Wismut	269
Kobalt	1520	Blei	327

Die Verwendung dieser niedrig schmelzenden Metalle liegt deshalb zum Teil auf den Gebieten der Kleinindustrie (Löten, Gießen leicht schmelzender Legierungen, Formen von Röhren, Herstellung von Zinnsoldaten usw.), während die strengflüssigen Metalle der Eisengruppe im allgemeinen der wirksameren Feuerungsmethoden der Großindustrie bedürfen.

3. nähern sich die Metalle der Zinngruppe [1]), wie man jene niedrig schmelzenden nennen kann, in ihrer Widerstandsfähigkeit gegen Wasser und Luft den edleren Metallen Kupfer und Quecksilber. Diese bilden zusammen mit den ganz edlen Metallen Silber und Gold, den Gegenstand der folgenden Versuchsreihe.

12. Kupfer.

Versuch 124. 5 g Kupferkies, $Cu_2S.Fe_2S_3$, werden fein gepulvert mit 50 ccm Königswasser (1 Raumteil konz. Salpetersäure + 3 Raumteile konz. Salzsäure) erwärmt, wobei die metallischen Anteile des Minerals durch das aus den Säuren entwickelte Chlor in Lösung gehen:

$$Cu_2S \,.\, Fe_2S_3 + 10\,Cl = 2\,CuCl_2 + 2\,FeCl_3 + 3\,S.$$

Außerdem lösen sich die vielfach vorhandenen Beimengungen von Zink- und Bleierz unter Bildung von Zink- und Bleichlorid. Ungelöst bleiben die „Gangart", die meist aus Quarz besteht, und ein Teil des Schwefels. Ein anderer wird zu Schwefelsäure oxydiert.

Nachdem die Einwirkung des Königswassers beendet ist, werden die entstandenen Chloride durch Erwärmen der Mischung mit 10 ccm konz. Schwefelsäure in die Sulfate verwandelt, da hierdurch das Blei als Sulfat ausfällt:

$$CuCl_2 + SO_4H_2 = SO_4Cu + 2\,HCl$$
$$2\,FeCl_3 + 3\,SO_4H_2 = (SO_4)_3Fe_2 + 6\,HCl.$$
$$PbCl_2 + SO_4H_2 = SO_4Pb + 2\,HCl$$
$$ZnCl_2 + SO_4H_2 = SO_4Zn + 2\,HCl.$$

Man kocht zur Austreibung des Chlorwasserstoffs, verdünnt dann mit 50 ccm Wasser und filtriert. Im Rückstand bleiben Bleisulfat, Gangart und Schwefel, im Filtrat befinden sich die Sulfate des Kupfers, Eisens und Zinks. Um das

[1]) Eine jede solche Nomenklatur ist willkürlich, ebenso wie auch eine von Willkür freie Einteilung der Elemente nicht gefunden werden kann, da keines der Einteilungsprinzipien (in Metalloide und Metalle; Leicht- und Schwermetalle; nach der analytischen Zusammengehörigkeit; nach dem periodischen System) allen Eigenschaften der Elemente gerecht wird.

Kupfer abzuscheiden, fügt man noch 5 ccm Schwefelsäure hinzu und legt darauf zwei große eiserne Nägel oder einige Stücke Eisendraht in die Lösung hinein. Beim Erwärmen findet folgende Reaktion statt:

$$SO_4Cu + Fe = Cu + SO_4Fe$$

oder:

$$Cu^{\cdot\cdot} + Fe = Cu + Fe^{\cdot\cdot}$$

Die Schwefelsäure hat den Zweck, das Eisen in Lösung zu halten, anderenfalls könnte durch Hydrolyse Eisenhydroxyd entstehen (vgl. Versuch 89 d). Nach einiger Zeit ist das Eisen verschwunden, und das Kupfer als das edelste der anwesenden Metalle (vgl. Versuch 123) als rote schwammige Masse ausgefällt. Ein scharfes analytisches Kennzeichen dafür, daß tatsächlich Kupfer vorliegt, erhält man folgendermaßen:

Das Kupfer wird durch Filtrieren von der Lösung des Eisens und etwa vorhandenen Zinkes getrennt. Man nehme mit dem Glasstab ein Körnchen vom Filter, löse es in warmer verdünnter Salpetersäure zu Kupfernitrat:

$$3\,Cu + 2\,NO_3H = 3\,CuO + 2\,NO + H_2O$$
$$3\,CuO + 6\,NO_3H = 3\,Cu(NO_3)_2 + 3\,H_2O$$

und übersättige mit Ammoniak. Zuerst fällt basisches Kupfersulfat aus:

$$2\,Cu(NO_3)_2 + 2\,NH_4OH = 2\,CuNO_3\,.\,OH + 2\,NO_3NH_4,$$

das aber sofort mit tiefblauer Farbe als komplexes T e t r a m m i n k u p r i n i t r a t in Lösung geht:

$$CuNO_3.OH + NO_3NH_4 + 3\,NH_3 = [Cu(NH_3)_4](NO_3)_2 + H_2O.$$

Kupfer kommt gediegen vor, außerdem in Form zahlreicher Erze, von denen der Kupferkies das wichtigste ist. Die übliche Methode der handelsanalytischen Bewertung des letzteren ist obigem Versuch zugrunde gelegt; derselbe gibt auch insofern die Hüttenpraxis wieder, als man aus manchen Kupfererzen durch Oxydation an der Luft Kupfersulfat entstehen läßt, dieses auslaugt und mit Eisen auf Kupfer verarbeitet.

Zur trockenen Aufarbeitung von Kupferkies muß das im Mineral enthaltene Eisen durch ein verwickeltes Verfahren vom Kupfer getrennt werden. Es besteht in einer Reihe von Röst- und Schmelzoperationen, bei deren letzter das Schwefelkupfer in Kuprooxyd verwandelt wird, welches gleichzeitig unter dem Einfluß des Schwefeleisens seinen Sauerstoff verliert:

$$3\,Cu_2S + 9\,O = 3\,Cu_2O + 3\,SO_2$$
$$3\,Cu_2O + FeS = 6\,Cu + FeO + SO_2$$

Das so erhaltene Rohkupfer wird elektrolytisch gereinigt, d. h. als Anode in Schwefelsäure aufgelöst und als Kathode wieder niedergeschlagen, wobei andere Metalle teils in Lösung bleiben, teils als „Anodenschlamm" ausfallen.

Von den mannigfachen Verwendungen des Kupfers sind die zu Legierungen (Bronze, Messing usw.) und zu elektrischen Leitungen die wichtigsten. Kupfer wird in seiner Leitfähigkeit nur vom Silber übertroffen.

Versuch 125. Man übergieße $^1/_{10}$ Grammolekül = 8 g feinpulvriges Kupferoxyd, CuO, mit 10 ccm Wasser und 10 ccm konz. Schwefelsäure, worauf unter starker Erwärmung Lösung zu weißem Kupfersulfat, SO_4Cu, stattfindet:

$$CuO + SO_4H_2 = SO_4Cu + H_2O$$

Darauf wird unter Zusatz von 20 ccm Wasser einige Minuten gekocht und umgerührt und dann filtriert. Das weiße Salz nimmt unter Aufnahme von Kristallwasser eine blaue Farbe an und scheidet sich beim Erkalten als Kupfervitriol, $SO_4Cu \cdot 5\,H_2O$, aus. Die Kristalle werden von der Mutterlauge abgetrennt und auf Fließpapier getrocknet.

Kupfervitriol wird dargestellt: durch Rösten von natürlichem Schwefelkupfer; durch Lösen von Kupferoxyd in Schwefelsäure; von Kupferabfällen oder von silberhaltigem Rohkupfer in Schwefelsäure unter Luftzutritt. Das Silber bleibt ungelöst zurück. In den drei letztgenannten Fällen findet also die Reaktion von Versuch 125 statt. Ohne Luftzutritt löst sich Kupfer in verdünnter Schwefelsäure nicht, da die Reaktion

$$Cu + SO_4H_2 = SO_4Cu + H_2$$

oder

$$Cu + 2\,H^{\cdot} = Cu^{\cdot\cdot} + H_2$$

wegen zu geringer Elektroaffinität des Kupfers nicht stattfindet. Wohl aber kann man Kupfer in konzentrierter Schwefelsäure lösen, weil diese zunächst oxydierend wirkt

$$Cu + SO_4H_2 = CuO + SO_3H_2$$

und darauf die Salzbildung mit einem weiteren Molekül Schwefelsäure erfolgt.

Man braucht Kupfervitriol hauptsächlich zur galvanoplastischen Abscheidung von Kupfer, zur Bekämpfung von Parasiten in der Landwirtschaft, zur Herstellung von Schweinfurter Grün (essig-arsensaures Kupfer).

Versuch 126. Mit einer Lösung von Kupfervitriol stelle man folgende Reaktionen an:

a) Mit Natronlauge fällt blaues Kuprihydroyxd, $Cu(OH)_2$, aus:

$$SO_4Cu + 2\,NaOH = Cu(OH)_2 + SO_4Na_2$$

beim Erwärmen färbt sich der Niederschlag unter Wasserabspaltung braunschwarz. Der Vorgang entspricht zum Teil der Gleichung

$$Cu(OH)_2 = CuO + H_2O$$

zum Teil entstehen Hydrate anderer Zusammensetzung:

$$3\,Cu(OH)_2 = HOCu.O.Cu.O.CuOH + 2\,H_2O$$

b) Ferrocyankalium erzeugt schon bei Gegenwart von sehr wenig Kupfersalz eine braune Färbung durch Bildung von Kupriferrocyanid:

$$2\,SO_4Cu + K_4[Fe(CN)_6] = Cu_2[Fe(CN)_6] + 2\,SO_4K_2$$

mit mehr Kupfersalz entsteht ein Niederschlag. Die Reaktion ist äußerst empfindlich.

c) Schwefelwasserstoff scheidet Kuprisulfid, CuS, aus (vergl. Versuch 84).

d) Mit Rhodankalium entsteht schwarzes Kuprirhodanid, $Cu(SCN)_2$, das durch schweflige Säure in weißes Kuprorhodanid, CuSCN, übergeht (vergl. Versuch 102).

e) Weinsäure wird gepulvert und in so viel Natronlauge gelöst, daß die alkalische Reaktion vorwaltet. Auf Zusatz von Kupfervitriollösung entsteht im ersten Moment ein Niederschlag von Kuprihydroxyd, der aber alsbald mit der tiefblauen Farbe des *kupriweinsauren Natriums*, $[C_4H_2CuO_6]Na_2$, in Lösung geht:

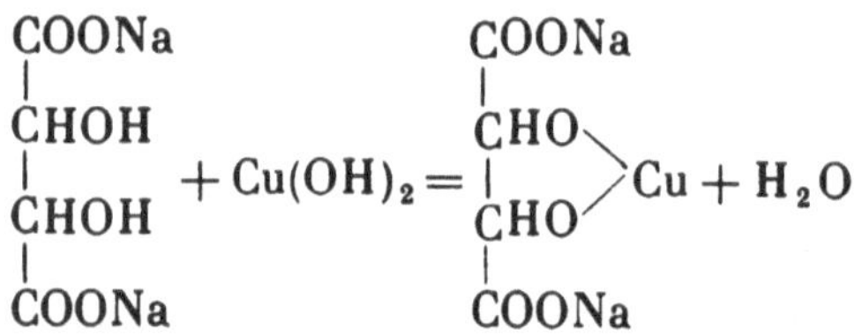

Man erwärme die Lösung mit ein wenig *Stärkezucker* (*Traubenzucker*, *Glukose*, $C_6H_{12}O_6$). Der Zucker wirkt reduzierend und scheidet *rotes Kuprooxyd* (*Kupferoxdul*, Cu_2O) aus. Eine Reaktionsgleichung läßt sich nicht aufstellen, da der Zucker zu einem wechselnden Gemisch verschiedener Säuren oxydiert wird.

Die Reaktion gestattet die *Erkennung von Zucker im Harn* und ist darum für die ärztliche Praxis wesentlich.

Kuprooxyd kommt als *Rotkupfererz* vor.

13. Quecksilber.

Versuch 127. In ein schwer schmelzbares Glasrohr von etwa 60 cm Länge („Verbrennungsrohr" wie bei Versuch 105) wird ein Asbestknäuel A geschoben (Fig. 8), der festsitzen muß, nicht aber luftdicht schließen darf. Um letzteres zu verhindern, bohrt man mit einem Draht einen Kanal zwischen Faser und Glaswandung. Man schütte sodann 5 g feingepulverten *natürlichen Zinnober* (*Quecksilbersulfid*, HgS) in die senkrecht gehaltene Röhre, lege sie darauf wagerecht und bringe das Erz durch Drehen und Klopfen an die Stelle Z. Das Rohr wird mit der Luftpumpe verbunden, wobei es sich empfiehlt, den zu ihr führenden Schlauch auf dem Gestänge eines Statives aufzustützen.

Jetzt sauge man einen mäßig starken Luftstrom durch das Rohr und glühe gleichzeitig das Mineral mit der Bunsenflamme, wobei es zu brennen beginnt und in Quecksilber und Schwefeldioxyd zerfällt:

$$HgS + O_2 = Hg + SO_2$$

Das Metall entweicht dampfförmig und kondensiert sich teils in Tropfen an der Rohrwandung, teils als grauer Staub im Asbest.

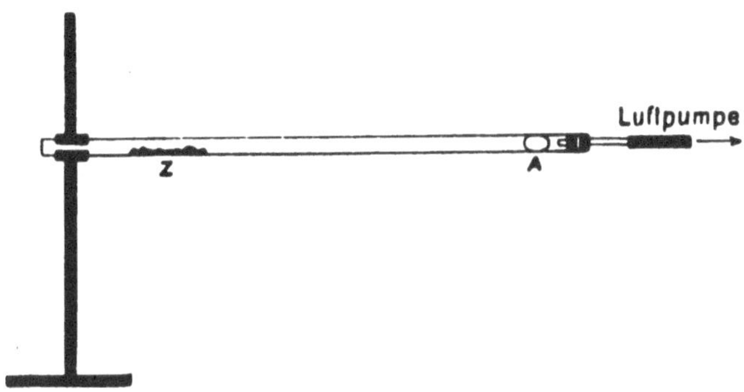

Fig. 8.

Nach Abrösten des Erzes wird das Rohr senkrecht in eine Schale gestellt und gelinde auf deren Boden aufgestoßen, wobei die zurückgebliebene Gangart und das Quecksilber herausfallen. Die Gesteinsteile lassen sich mit Wasser abschlämmen, während das schwere Metall am Boden bleibt. Aus dem Asbestpfropfen lassen sich ebenfalls noch einige Quecksilbertropfen herauspressen, die mit den übrigen vereinigt werden. Nach Abgießen des Wassers und Aufsaugen des letzten Restes mit Fließpapier wird der Quecksilbertropfen gewogen. Man findet ungefähr 3 g, eine Ausbeute, die hinter der theoretischen zurückbleibt, weil es bei obiger Versuchsanordnung schwer ist, Verluste zu vermeiden.

Reste von Quecksilber und seinen Salzen dürfen nicht durch die Ausgüsse des Laboratoriums entfernt werden, da hierdurch die Bleileitungen leiden. Man bediene sich hierbei der Abfalleimer.

Zinnober ist das wichtigste Quecksilbererz und wird durch Rösten verarbeitet. Man verwendet das Metall zur Extraktion von Gold und Silber aus dem Gestein (Amalgamationsverfahren), bei wissenschaftlichen Apparaten, zur Darstellung von künstlichem Zinnober (hochrotes Pigment), von Knallquecksilber (für Zündhütchen), von pharmazeutischen Präparaten.

Versuch 128. 3 g Merkurisulfat, SO_4Hg, werden mit 1 g Chlornatrium im Mörser gemischt und dann in ein schwer schmelzbares Rohr gefüllt, wie es zu Versuch 51 gebraucht wurde, ohne daß aber, wie in jenem Fall, das Rohr mit einem Stopfen versehen wird. Man spanne das obere Ende des Rohres in eine Klammer und glühe das am unteren befindliche Gemisch unter dem Abzug, wobei man dem Rohr eine schräge Lage gebe.

Beim Glühen entsteht Merkurichlorid, $HgCl_2$:

$$SO_4Hg + 2\,NaCl = HgCl_2 + SO_4Na_2$$

Die Substanz wird Sublimat genannt, weil sie in hohem Grade die Eigenschaft hat, zu sublimieren, d. h. beim Erhitzen aus dem festen Zustand direkt in den dampfförmigen und dann beim Abkühlen wieder, ohne vorher flüssig zu werden, in den festen überzugehen. Das Sublimat setzt sich in glänzenden Kriställchen an der oberen Glaswandung an. Sollten weiße Nebel aus dem Rohr entweichen, so hüte man sich, sie einzuatmen, da sie giftig sind.

Nach dem Erkalten des Rohres wird das Sublimat herausgekratzt und zu Versuch 129 verwendet.

Sublimat ist ein wichtiges Desinfiziens. Da sich Quecksilber nicht in Salzsäure löst, ist man genötigt, die Substanz auf dem Umwege des Versuches 128 herzustellen. Das Quecksilbersulfat entsteht aus Quecksilber und konz. Schwefelsäure. Als Desinfiziens ist es wegen seiner Unlöslichkeit in Wasser nicht zu verwenden.

Versuch 129. Das beim vorigen Versuch erhaltene Merkurichlorid wird in heißem Wasser gelöst und nach dem

Abfiltrieren von den etwa nicht gelösten Anteilen zu den folgenden Reaktionen benutzt:

a) Natronlauge fällt gelbes *Merkurioxyd*, HgO:

$$HgCl_2 + 2\,NaOH = Hg(OH)_2 + 2\,NaCl$$
$$Hg(OH)_2 = HgO + H_2O$$

b) Mit Ammoniak entsteht weißes *Amidomerkurichlorid*, $HgNH_2Cl$:

$$Hg\!<\!\begin{matrix}Cl\\Cl\end{matrix} + NH_3 = Hg\!<\!\begin{matrix}NH_2\\Cl\end{matrix} + HCl$$

dem man auch die Formel eines *Merkuriammoniumchlorides* geben kann:

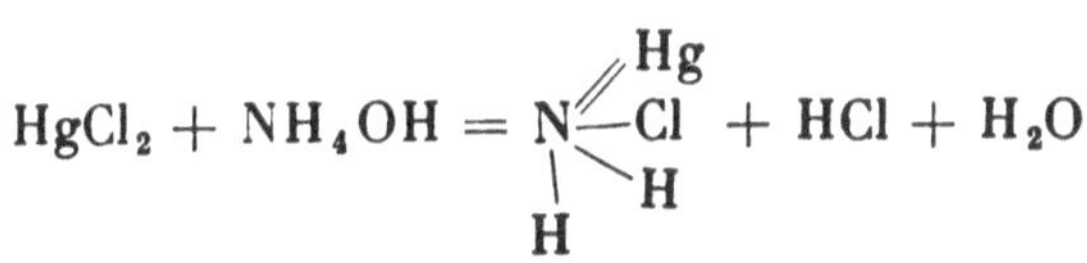

Dieser Niederschlag ist in der „*weißen Quecksilbersalbe*“ enthalten.

c) Mit wenig Jodkaliumlösung fällt rotes *Merkurijodid*, HgJ_2, aus:

$$HgCl_2 + 2\,JK = HgJ_2 + 2\,KCl$$

das sich bei weiterem Jodkaliumzusatz zu komplexem *Quecksilberkaliumjodid* löst:

$$HgJ_2 + 2\,JK = [HgJ_4]K_2$$

Die komplexe Natur des Quecksilber enthaltenden Jons äußert sich darin, daß mit Natronlauge kein Merkurioxyd ausfällt. Die alkalische Lösung ist *Nesslers Reagens* (vergl. S. 33).

d) Schwefelwasserstoff scheidet im ersten Moment eine weiße Doppelverbindung. $HgCl_2 . 2\,HgS$ aus, die bei weiterem Einleiten des Gases in schwarzes *Merkurisulfid* übergeht:

$$HgCl_2 + H_2S = HgS + 2\,HCl.$$

Die Farbe des so erhaltenen Sulfides ist also ebenso wie beim Antimonsulfid eine andere als die des entsprechenden Minerals.

e) Wird ein blankes Stück Kupfer in die Lösung von Merkurichlorid gebracht, so überzieht es sich mit metallischem Quecksilber:

$$HgCl_2 + Cu = Hg + CuCl_2$$

oder

$$Hg^{\cdot\cdot} + Cu = Hg + Cu^{\cdot\cdot}$$

Beim Reiben der mit Quecksilber bedeckten Fläche bildet sich spiegelndes Amalgam.

Die Legierungen des Quecksilbers mit anderen Metallen nennt man allgemein Amalgame. Beim Durchmischen von gepulvertem gold- oder silberhaltigem Gestein mit Quecksilber und mit Wasser sinken die Amalgame zu Boden, während das leichtere Gesteinspulver weggeschwemmt wird. Das Quecksilber läßt sich dann durch Glühen entfernen, während das Edelmetall zurückbleibt.

Versuch 130. Eine Lösung von Merkuronitrat, NO_3Hg oder richtiger $(NO_3Hg)_2$, versetze man

a) mit Natronlauge. Niederschlag von Merkurooxyd, Hg_2O:

$$2\,NO_3Hg + 2\,NaOH = Hg_2O + 2\,NO_3Na + H_2O$$

Hierbei wird vorausgesetzt, daß das Merkurojon, $Hg^{\cdot}$, einwertig ist. Diese Schreibweise hat den Vorzug der Einfachheit; indessen enthalten die Merkuroverbindungen wahrscheinlich zweiwertige Doppeljonen $Hg_2^{\cdot\cdot}$, so daß die Gleichung richtiger lautet:

$$\begin{array}{l} Hg{-}O{-}NO_2 \\ | \\ Hg{-}O{-}NO_2 \end{array} + 2\,NaOH = \begin{array}{l} Hg \\ | \\ Hg \end{array}\!\!\!>\!O + 2\,NO_3Na + H_2O$$

b) Ammoniak gibt ein schwarz erscheinendes Gemisch von Quecksilber und Amidomerkurinitrat (vgl. Versuch 129b):

$$\underset{\text{Merkuronitrat}}{\begin{array}{l} Hg{-}\boxed{O{-}NO_2\;\;H}\,NH_2 \\ | \\ Hg{-}O{-}NO_2 \end{array}} + \;\; = NO_3H + \underset{\text{Amidomerkuronitrat}}{\begin{array}{l} Hg{-}NH_2 \\ | \\ Hg{-}O{-}NO_2 \end{array}}$$

$$\begin{array}{l} Hg{-}NH_2 \\ | \\ Hg{-}O{-}NO_2 \end{array} = Hg + Hg\!<\!\begin{array}{l} NH_2 \\ O{-}NO_2 \end{array}$$

Amidomerkurinitrat

c) Schwefelwasserstoff gibt ein Gemisch von schwarzem Merkurisulfid und Quecksilber:

$$\begin{array}{l} Hg{-}O{-}NO_2 \\ | \\ Hg{-}O{-}NO_2 \end{array} + H_2S = \begin{array}{l} Hg \\ | \\ Hg \end{array}\!\!>\!S + 2\,NO_3H$$

Merkurosulfid

$$\begin{array}{l} Hg \\ | \\ Hg \end{array}\!\!>\!S = Hg + HgS$$

d) Salzsäure scheidet weißes Merkurochlorid aus:

$$\begin{array}{l} Hg{-}O{-}NO_2 \\ | \\ Hg{-}O{-}NO_2 \end{array} + 2\,HCl = \begin{array}{l} Hg{-}Cl \\ | \\ Hg{-}Cl \end{array} + 2\,NO_3H$$

Merkurochlorid wird durch Übergießen mit Ammoniak schwarz, indem es in Quecksilber und Amidomerkurichlorid zerfällt:

$$\begin{array}{l} Hg{-}Cl \\ | \\ Hg{-}Cl \end{array} + NH_3 = Hg + Hg\!<\!\begin{array}{l} NH_2 \\ Cl \end{array} + HCl$$

Merkurochlorid ist wegen des Schwarzwerdens bei dieser Reaktion nach dem Griechischen „Kalomel" genannt worden. Es ist ein wichtiges therapeutisches Mittel. Zur Darstellung dient in der Praxis nicht die Methode von Versuch 130d, vielmehr wird Quecksilber mit Sublimat erhitzt:

$$HgCl_2 + Hg = Hg_2Cl_2$$

14. Silber.

Versuch 131. Darstellung von reinem Silbernitrat aus einer Silber-Kupferlegierung. Ein halbes[1]) 50-Pfennigstück wird in einem Porzellantiegel

[1]) Ein halbes Stück genügt, so daß der Versuch mit einer Münze von zwei Praktikanten ausgeführt werden kann.

mit soviel konz. Salpetersäure übergossen, daß der Tiegel höchstens zur Hälfte gefüllt ist. Beim Erwärmen auf dem Wasserbad (unter dem Abzug) entsteht ein Gemisch von Silbernitrat und Kupfernitrat:

$$6\,Ag + NO_3H = \underset{\text{Silberoxyd}}{3\,Ag_2O} + 2\,NO + H_2O$$

$$Ag_2O + 2\,NO_3H = \underset{\text{Silbernitrat}}{2\,NO_3Ag} + H_2O$$

$$3\,Cu + 8\,NO_3H = 3\,Cu(NO_3)_2 + 2\,NO + 4\,H_2O$$

Sollte nicht alles Metall gelöst worden sein, so wird noch ein wenig Salpetersäure hinzugefügt. Sodann dampfe man die Lösung zur Trockne und glühe den Tiegel gelinde auf einem Tondreieck. Beim Glühen wird zuerst der Rand des Tiegels mit der Flamme bestrichen, so daß die Hitze allmählich von oben nach dem Boden zu strahlt, und das noch vorhandene Wasser langsam entweicht. Wird dagegen von vorne herein der Tiegelboden geglüht, so verflüchtigt sich das Wasser unter heftigem Spritzen. Erst wenn der Tiegelinhalt vollkommen von Wasser befreit ist, kann die Flamme von unten her genähert werden, was indessen auch vorsichtig und durch Hin- und Herfahren zu geschehen hat, so daß eben Dunkelrotglut, nicht Hellrotglut erreicht wird. Unter diesen Umständen wird das Kupfernitrat in Oxyd verwandelt

$$Cu(NO_3)_2 = CuO + O + 2\,NO_2$$

während das Silbernitrat zwar schmilzt, nicht aber zersetzt wird. Der Zerfall des Kupfernitrats ist am Auftreten des schwarzen Kupferoxyds und an der Entwicklung von braunem Stickstoffdioxyd kenntlich. Sobald dieser Vorgang abgelaufen ist, was nach beginnender Schwärzung der Masse nur wenige Sekunden dauert, wird die Flamme entfernt, weil bei längerem Glühen auch das Silbernitrat zerfallen kann.

Aus dem erkalteten Tiegel wird das Silbernitrat mit Wasser ausgelaugt. Man filtriere in ein Reagenzglas vom

Kupferoxyd ab und benutze die erhaltene Lösung zu den Reaktionen von Versuch 132.

Silber kommt in gediegenem Zustand und in einer großen Reihe von Erzen vor, vielfach in Verbindung mit Blei, Kupfer, Gold und anderen Metallen. Am wichtigsten ist das im Bleiglanz enthaltene Silber, das bei der Aufarbeitung in dem Blei bleibt und aus ihm gewonnen wird, indem man das Blei in Bleioxyd überführt. Hierbei scheidet sich das Silber unoxydiert ab, da es als echtes Edelmetall vom Sauerstoff nicht angegriffen wird.

Außerdem gibt es noch mehrere andere wichtige Methoden der Silbergewinnung, dessen Metallurgie eine besonders vielfältige ist. —

Silbermünzen und Silberwaren werden unter Zusatz von meist 10 Prozent Kupfer hergestellt. Silber allein würde zu weich sein.

Die wichtigste Silberverbindung ist das Silbernitrat (Höllenstein). Es wird nach der Methode von Versuch 131 dargestellt, da dem Silber meist vom Erz her etwas Kupfer anhaftet. Höllenstein findet in der Medizin und in der Photographie Anwendung.

Versuch 132. Man führe mit der Lösung von Silbernitrat in Wasser folgende Reaktionen aus:

a) verd. Salzsäure gibt einen Niederschlag von Chlorsilber:

$$NO_3Ag + HCl = AgCl + NO_3H$$

Chlorsilber löst sich in Ammoniak zu einer komplexen Ammoniakverbindung

$$AgCl + 2\,NH_3 = [Ag(NH_3)_2]Cl$$

b) Mit Natronlauge entsteht ein Niederschlag von braunem Silberoxyd, Ag_2O:

$$2\,NO_3Ag + 2\,NaOH = Ag(OH)_2 + 2\,NO_3Na$$
$$Ag(OH)_2 = Ag_2O + H_2O$$

c) Ammoniak scheidet ebenfalls zuerst Silberoxyd aus; bei weiterem Ammoniakzusatz geht es als komplexes Silberdiamminnitrat in Lösung:

$$2\,NO_3Ag + 2\,NH_4OH = Ag_2O + H_2O + 2\,NO_3NH_4$$
$$Ag_2O + 3\,NH_3 + NH_4OH = 2\,[Ag(NH_3)_2]OH$$

Man bewahre Lösungen von Silbersalzen in Ammoniak nicht auf. Beim Stehenlassen kann sich, insbesondere bei gleichzeitiger Anwesenheit von Natronlauge und Ammoniak, explosives Knallsilber $[AgNH_3]_2O$ bilden.

c) Beim Einleiten von Schwefelwasserstoff entsteht schwarzes Silbersulfid, Ag_2S:

$$2\,NO_3Ag + H_2S = Ag_2S + 2\,NO_3H$$

15. Gold.

Versuch 133. Acht Stücke Blattgold, je etwa von der Größe einer kleinen Banknote und im Gesamt-

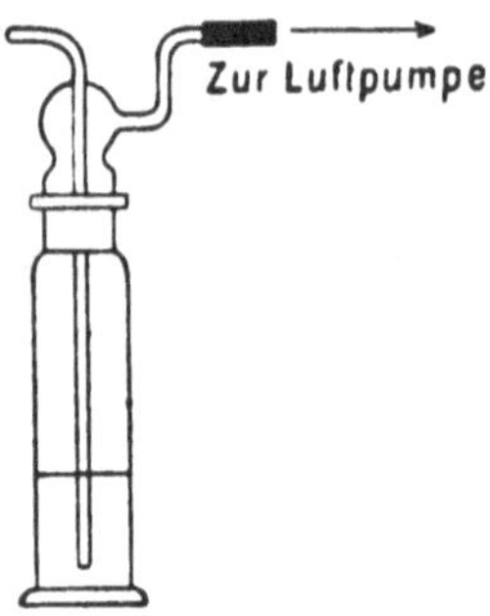

Fig. 9.

gewicht von ungefähr 0,04 g werden mit 0,25 g Cyankalium in eine Schale gebracht und dort mit 50 ccm Wasser bis zur Lösung des Cyankaliums verrührt. Man gieße darauf das Ganze in eine „Gaswaschflasche“ (Fig. 9) und sauge einen kräftigen Luftstrom hindurch. Das Gold löst sich in etwa 10 Minuten vollkommen zu komplexem Kaliumaurocyanid:

$$2\,Au + 4\,KCN + 2\,H_2O + O_2 = 2\,[Au(CN)_2]\,K + 2\,KOH + H_2O_2$$

oder:

$$\begin{array}{l} Au + \begin{array}{l} CN\,K \\ CN\,K \end{array} \\ Au + \begin{array}{l} CN\,K \\ CN\,K \end{array} \end{array} + \begin{array}{c} H \\ OH \end{array} + \begin{array}{c} O \\ O \end{array} + H_2O$$

Unter dem Einfluß des entstandenen Wasserstoffsuperoxyds bildet sich dann weiter Kaliumauricyanid: $[Au(CN)_2]K + 2\,KCN + H_2O_2 = [Au(CN)_4]K + 2\,KOH$

Auf dieser Methode beruht die zurzeit wichtigste Methode zur Extraktion von Gold aus Gesteinsmassen. Dieselben werden vorher zerstampft. Zur Niederschlagung des Goldes aus der Lösung dient das Zink:

Die Lösung des Kaliumgoldcyanides wird mit einigen blanken Zinkstückchen kräftig durchgeschüttelt. Das Zink umzieht sich mit einer matten Goldschicht, während Kaliumzinkcyanid in Lösung geht:

$$2\,K[Au(CN)_2] + Zn = 2\,Au + K_2[Zn(CN)_4].$$

Auch durch den elektrischen Strom wird Gold ausgefällt. —

Der Wert des Goldes im Vergleich zu den übrigen Metallen des Handels ergibt sich aus folgender Zusammenstellung[1]), deren Zahlen selbstverständlich nach Zeit und Ort beträchtlichen Schwankungen unterworfen sind:

	Preis in M. pro 100 kg
Platin	280 000
Gold	278 800
Silber	8 000
Wismut	1 400
Magnesium	1 200
Chrom	611
Quecksilber	500
Mangan	450
Nickel	400
Zinn	334
Natrium	300
Aluminium	250
Kupfer	173
Antimon	125
Arsen	75
Zink	50
Blei	35
Eisen	6

[1]) Nach Blücher, Auskunftsbuch f. d. chem. Industrie 1908—1909. Vgl. Ost, chemische Technologie 1907. Ferner: Statistische Zusammenstellungen von der Metallgesellschaft und der metallurgischen Gesellschaft, Frankfurt a. M. 1908.

Tabellen der spezifischen Gewichte wässriger Lösungen von Säuren und Basen und der zugehörigen Prozentzahlen.

Salzsäure[1]).

Spez. Gew.	Grad Beaumé	Grad Twaddell	Proz. HCl	Spez. Gew.	Grad Beaumé	Grad Twaddell	Proz. HCl
1.000	0.0	0.0	0.16	1.105	13.6	21	20.97
1.005	0.7	1	1.15	1.110	14.2	22	21.92
1.010	1.4	2	2.14	1.115	14.9	23	22.86
1.015	2.1	3	3.12	1.120	15.4	24	23.82
1.020	2.7	4	4.13	1.125	16.0	25	24.78
1.025	3.4	5	5.15	1.130	16.5	26	25.75
1.030	4.1	6	6.15	1.135	17.1	27	26.70
1.035	4.7	7	7.15	1.140	17.7	28	27.66
1.040	5.4	8	8.16	1.145	18.3	29	28.61
1.045	6.0	9	9.16	1.150	18.8	30	29.57
1.050	6.7	10	10.17	1.155	19.3	31	30.55
1.055	7.4	11	11.18	1.160	19.8	32	31.52
1.060	8.0	12	12.19	1.165	20.3	33	32.49
1.065	8.7	13	13.19	1.170	20.9	34	33.46
1.070	9.4	14	14.17	1.175	21.4	35	34.42
1.075	10.0	15	15.16	1.180	22.0	36	35.39
1.080	10.6	16	16.15	1.185	22.5	37	36.31
1.085	11.2	17	17.13	1.190	23.0	38	37.23
1.090	11.9	18	18.11	1.195	23.5	39	38.16
1.095	12.4	19	19.06	1.200	24.0	40	39.11
1.100	13.0	20	20.01				

[1]) Die hier aufgeführten Tabellen sind im Auszug dem „Chemiker-Kalender" von R. Biedermann entnommen und beruhen meist auf den Arbeiten von Lunge und seinen Mitarbeitern. Streng genommen gelten die Zahlen nur für 15°, indessen sind die bei anderen Zimmertemperaturen eintretenden Abweichungen bei den meisten chemischen Arbeiten unwesentlich.

Schwefelsäure.

Spez. Gewicht	Proz. SO_4H_2	Spez. Gewicht	Proz. SO_4H_2	Spez. Gewicht	Proz. SO_4H_2	Spez. Gewicht	Proz. SO_4H_2
1.000	0.09	1.195	26.68	1.390	49.06	1.585	67.13
1.005	0.83	1.200	27.32	1.395	49.59	1.590	67.59
1.010	1.57	1.205	27.95	1.400	50.11	1.595	68.05
1.015	2.30	1.210	28.58	1.405	50.63	1.600	68.51
1.020	3.03	1.215	29.21	1.410	51.15	1.605	68.97
1.025	3.76	1·220	29.84	1.415	51.66	1.610	69.43
1.030	4.49	1.225	30.48	1.420	52.15	1.615	69.89
1.035	5.23	1.230	31.11	1.425	52.63	1.620	70.32
1.040	5.96	1.235	31.70	1.430	53.11	1.625	70.74
1.045	6.67	1.240	32.28	1.435	53.59	1.630	71.16
1.050	7.37	1.245	32.86	1.440	54.07	1.635	71.57
1.055	8.07	1.250	33.43	1.445	54.55	1.640	71.99
1.060	8.77	1.255	34.00	1.450	55.03	1.645	72.40
1.065	9.47	1.260	34.57	1.455	55.50	1.650	72.82
1.070	10.19	1.265	35.14	1.460	55.97	1.655	73.23
1.075	10.90	1.270	35.71	1.465	56.43	1.660	73.64
1.080	11.60	1.275	36.29	1.470	56.90	1.665	74.07
1.085	12.30	1.280	36.87	1.475	57.37	1.670	74.51
1.090	12.99	1.285	37.45	1.480	57.83	1.675	74.97
1.095	13.67	1.290	38.03	1.485	58.28	1.680	75.42
1.100	14.35	1.295	38.61	1.490	58.74	1.685	75.86
1.105	15.03	1.300	39.19	1.495	59.22	1.690	76.30
1.110	15.71	1.305	39.77	1.500	59.70	1.695	76.73
1.115	16.36	1.310	40.35	1.505	60.18	1.700	77.17
1.120	17.01	1.315	40.93	1.510	60.65	1.705	77.60
1.125	17.66	1.320	41.50	1.515	61.12	1.710	78.04
1.130	18.31	1.325	42.08	1.520	61.59	1.715	78.48
1.135	18.96	1.330	42.66	1.525	62.06	1.720	78.92
1.140	19.61	1.335	43.20	1.530	62.53	1.725	79.36
1.145	20.26	1.340	43.74	1.535	63.00	1.730	79.80
1.150	20.91	1.345	44.28	1.540	63.43	1.735	80.24
1.155	21.55	1.350	44.82	1.545	63.85	1.740	30.68
1.160	22.19	1.355	45.35	1.550	64.26	1.745	81.12
1.165	22.83	1.360	45.88	1.555	64.67	1.750	81.56
1.170	23.47	1.365	46.41	1.560	65.08	1.755	82.00
1.175	24.12	1.370	46.94	1.565	65.49	1.760	82.44
1.180	24.76	1.375	47.47	1.570	65.90	1.765	82.88
1.185	25.40	1.380	48.00	1.575	66.30	1.770	83.32
1.190	26.04	1.385	48.53	1.580	66.71	1.775	83.90

Spez. Gewicht	Proz. SO_4H_2	Spez. Gewicht	Proz. SO_4H_2	Spez. Gewicht	Proz. SO_4H_2	Spez. Gewicht	Proz. SO_4H_2
1.780	84.50	1.822	90.40	1.832	92.52	1.8405	95.95
1.785	85.10	1.823	90.60	1.833	92.75	1.8410	97.00
1.790	85.70	1.824	90.80	1.834	93.05	1.8415	97.70
1.795	86.30	1.825	91.00	1.835	93.43	1.8410	98.20
1.800	86.90	1.826	91.25	1.836	93.80	1.8405	98.70
1.805	87.60	1.827	91.50	1.837	94.20	1.8400	99.20
1.810	88.30	1.828	91.70	1.838	94.60	1.8395	99.45
1.815	89.05	1.829	91.90	1.839	95.00	1.8390	99.70
1.820	90.05	1.830	92.10	1.840	95.60	1.8385	99.95
1.821	90.20	1.831	92.30				

Salpetersäure.

Spez. Gewicht	Proz. NO_3H	Spez. Gewicht	Proz. NO_3H	Spez. Gewicht	Proz. NO_3H	Spez. Gewicht	Proz. NO_3H
1,000	0.10	1,120	20.23	1.240	38.29	1.355	56.66
1.005	1.00	1.125	21.00	1.245	39.05	1.360	57.57
1.010	1.90	1.130	21.77	1.250	39.82	1.365	58.48
1.015	2.80	1.135	22.54	1.255	40.58	1.370	59.39
1.020	3.70	1.140	23.31	1.260	41.34	1.375	60.30
1.025	4.60	1.145	24.08	1.265	42.10	1.380	61.27
1.030	5.50	1.150	24.84	1.270	42.87	1.383	61.92
1.035	6.38	1.155	25.60	1.275	43.64	1.385	62.24
1.040	7.26	1.160	26.36	1.280	44.41	1.390	63.23
1.045	8.13	1.165	27.12	1.285	45.18	1.395	64.25
1.050	8.99	1.170	27.88	1.290	45.95	1.400	65.30
1.055	9.84	1.175	28.63	1.295	46.72	1.405	66.40
1.060	10.68	1.180	29.38	1.300	47.49	1.410	67.50
1.065	11.51	1.185	30.13	1.305	48.26	1.415	68.63
1.070	12.33	1.190	30.88	1.310	49.07	1.420	69.80
1.075	13.15	1.195	31.62	1.315	49.89	1.425	70.98
1.080	13.95	1.200	32.36	1.320	50.71	1.430	72.17
1.085	14.74	1.205	33.09	1.325	51.53	1.435	73.39
1.090	15.53	1.210	33.82	1.330	52.37	1.440	74.68
1 095	16.32	1.215	34.55	1.332	52.80	1.440	75.98
1.100	17.11	1.220	35.28	1.335	53.22	1.455	77.28
1.105	17.89	1.225	36.03	1.340	54.07	1.455	78.60
1.110	18.67	1.230	36.78	1.345	54.93	1.460	79.98
1.115	19.45	1.235	37.53	1.350	55.79	1.465	81.42

Spez. Gewicht	Proz. NO_3H	Spez. Gewicht	Proz. NO_3H	Spez. Gewicht	Proz. NO_3H	Spez. Gewicht	Proz. NO_3H
1.470	82.90	1.501	94.60	1.508	97.50	1.515	99.07
1,475	84.45	1.502	95.08	1.509	97.84	1.516	99.21
1.480	86.05	1.503	95.55	1.510	98.10	1.517	99.34
4.485	87.70	1.504	96.00	1.511	98.32	1.518	99.46
4.490	89.60	1.505	96.39	1.512	98.53	1.519	99.57
1.495	91.60	1.506	96.76	1.513	98.73	1.520	99.67
1.500	94.09	1.507	97.13	1.514	98.90		

Essigsäure.

Spez. Gewicht	Proz. $C_2H_4O_2$	Spez. Gewicht	Proz. $C_2H_4O_2$	Spez. Gewicht	Proz. $C_2H_4O_2$	Spez. Gewicht	Proz. $C_2H_4O_2$
0.9992	0	1.0363	26	1.0631	52	1.0748	77
1.0007	1	1.0375	27	1.0638	53	1.0748	78
1.0022	2	1.0388	28	1.0646	54	1.0748	79
1.0037	3	1.0400	29	1.0653	55	1.0748	80
1.0052	4	1.0412	30	1.0660	56	1.0747	81
1.0067	5	1.0424	31	1.0666	57	1.0746	82
1.0083	6	1.0436	32	1.0673	58	1.0744	83
1.0098	7	1.0447	33	1.0679	59	1.0742	84
1.0113	8	1.0459	34	1.0685	60	1.0739	85
1.0127	9	1.0470	35	1.0691	61	1.0736	86
1.0142	10	1.0481	36	1.0697	62	1.0731	87
1.0157	11	1.0492	37	1.0702	63	1.0726	88
1.0171	12	1.0502	38	1.0707	64	1.0720	89
1.0185	13	1.0513	39	1.0712	65	1.0713	90
1.0200	14	1.0523	40	1.0717	66	1.0705	91
1.0214	15	1.0533	41	1.0721	67	1.0696	92
1.0228	16	1.0543	42	1.0725	68	1.0686	93
1.0242	17	1.0552	43	1.0729	69	1.0674	94
1.0256	18	1.0562	44	1.0733	70	1.0660	95
1.0270	19	1.0571	45	1.0737	71	1.0644	96
1.0284	20	1.0580	46	1.0740	72	1.0625	97
1.0298	21	1.0589	47	1.0742	73	1.0604	98
1.0311	22	1.0598	48	1.0744	74	1.0580	99
1.0324	23	1.0607	49	1.0746	75	1.0553	100
1.0337	24	1.0615	50	1.0747	76		
1.0350	25	1.0623	51				

Natronlauge.

Spez. Gewicht	Proz. NaOH	Spez. Gewicht	Proz. NaOH	Spez. Gewicht	Proz. NaOH	Spez. Gewicht	Proz. NaOH
1.007	0.61	1.108	9.42	1.231	20.59	1.370	33.69
1.014	1.20	1.116	10.06	1.241	21.42	1.383	34.96
1.022	2.00	1.125	10.97	1.252	22.64	1.397	36.25
1.029	2.71	1.134	11.84	1.263	23.67	1.410	37.47
1.036	3.35	1.142	12.64	1.274	24.81	1.424	38.80
1.045	4.00	1.152	13.55	1.285	25.80	1.438	39.99
1.052	4.64	1.162	14.37	1.297	26.83	1.453	41.41
1.060	5.29	1.171	15.13	1.308	27.80	1.468	42.83
1.067	5.87	1.180	15.91	1.320	28.83	1.483	44.38
1.075	6.55	1.190	16.77	1.332	29.93	1.498	46.15
1.083	7.31	1.200	17.67	1.345	31.22	1.514	47.60
1.091	8.00	1.210	18.58	1.357	32.47	1.530	49.02
1.100	8.68	1.220	19.58				

Ammoniak.

Spez. Gewicht	Proz. NH_3	Spez. Gewicht	Proz. NH_3	Spez. Gewicht	Proz. NH_3	Spez. Gewicht	Proz. NH_3
1.000	0.00	0.970	7.31	0.940	15.63	0.910	24.99
0.998	0.45	0.968	7.82	0.938	16.22	0.908	25.65
0.996	0.91	0.966	8.33	0.936	16.82	0.906	26.31
0.994	1.37	0.964	8.84	0.934	17.42	0.904	26.98
0.992	1.84	0.962	9.35	0.932	18.03	0.902	27.65
0.990	2.31	0.960	9.91	0.930	18.64	0.900	28.33
0.988	2.80	0.958	10.47	0.928	19.26	0.898	29.01
0.986	3.30	0.956	11.03	0.926	19.87	0.896	29.69
0.984	3.80	0.954	11.60	0.924	20.49	0.894	30.37
0.982	4.30	0.952	12.17	0.922	21.12	0.892	31.05
0.980	4.80	0.950	12.74	0.920	21.75	0.890	31.75
0.978	5.30	0.948	13.31	0.918	22.39	0.888	32.50
0.976	5.80	0.946	13.88	0.916	23.03	0.886	33.25
0.974	6.30	0.944	14.46	0.914	23.68	0.884	34.10
0.972	6.80	0.942	15.04	0.912	24.33	0.882	34.95

Internationale Atomgewichte.

Ag	Silber	107.88	N	Stickstoff	14.01
Al	Aluminium	27.1	Na	Natrium	23.00
Ar	Argon	39.9	Nb	Niobium	93.5
As	Arsen...........	75.0	Nd	Neodymium	144.3
Au	Gold	197.2	Ne	Neon	20
B	Bor	11.0	Ni	Nickel	58.68
Ba	Barium	137.37	O	Sauerstoff	16.00
Be	Beryllium	9.1	Os	Osmium	190.9
Bi	Wismut	208.0	P	Phosphor	31.0
Br	Brom...........	79.92	Pb	Blei	207.10
C	Kohlenstoff	12.00	Pd	Palladium	106.7
Ca	Calcium.........	40.09	Pr	Praseodymium...	140.6
Cd	Cadmium	112.40	Pt	Platin	195.0
Ce	Cerium	140.25	Ra	Radium.........	226.4
Cl	Chlor	35.46	Rb	Rubidium	85.45
Co	Kobalt	58.97	Rh	Rhodium	102.9
Cr	Chrom	52.1	Ru	Ruthenium	101.7
Cs	Caesium	132.81	S	Schwefel	32.07
Cu	Kupfer	63.57	Sb	Antimon	120.2
Dy	Dysprosium	162.5	Sc	Scandium	44.1
Er	Erbium	167.4	Se	Selen	79.2
Eu	Europium	152.0	Si	Silicium	28.3
F	Fluor	19.0	Sm	Samarium.......	150.4
Fe	Eisen	55.85	Sn	Zinn............	119.0
Ga	Gallium	69.9	Sr	Strontium.......	87.62
Gd	Gadolinium	157.3	Ta	Tantal	181.0
Ge	Germanium	72.5	Tb	Terbium	159.2
H	Wasserstoff......	1.008	Te	Tellur	127.5
He	Helium	4.0	Th	Thorium	232.42
Hg	Quecksilber	200.0	Ti	Titan	48.1
In	Indium	114.8	Tl	Thallium	204.0
Ir	Iridium	193.1	Tu	Thulium	168.5
J	Jod	126.92	U	Uran	238.5
K	Kalium	39.10	V	Vanadium.......	51.2
Kr	Krypton	81.8	W	Wolfram	184.0
La	Lanthan	139.0	X	Xenon	128
Li	Lithium	7.00	Y	Yttrium	89,0
Lu	Lutetium	174	Yb	Ytterbium	
Mg	Magnesium	24.32		(Neoytterbium)	172
Mn	Mangan	54.93	Zn	Zink............	65.37
Mo	Molybdän	96.0	Zr	Zirkonium	90.6

Nachträge während des Druckes.

Zu **Versuch 18** (Chlornatriumdarstellung). Die Reaktion zwischen konz. Natronlauge und konz. Salzsäure kann unter Aufspritzen der Mischung verlaufen. Man gebe darum die Säure tropfenweise zur Lauge. Sollte die Ausscheidung der Chlornatriumkristalle mit 10 ccm Salzsäure nicht eintreten, so füge man mehr Salzsäure hinzu.

Zu **Versuch 26** (Nitrit). Die Sulfanilsäure-Naphtylaminlösung wird zweckmäßig ein für allemal bereitet, da sie sich hält. Zum Gelingen der Reaktion ist es erforderlich, sehr wenig und sehr verdünnte Nitritlösung zu nehmen, da ein Überschuß die Färbung zerstört.

Zu **Versuch 50** (Sodarückstände). Die Austreibung des Schwefelwasserstoffes aus dem Kalziumsulfidrückstand gelingt manchmal sofort, manchmal wird das Gas erst nach längerem Einleiten von Kohlendioxyd bemerkbar. In dem Falle bemerkt man bei Zugabe von Bleisalz zunächst nur eine weiße Ausscheidung von Bleikarbonat.

Diese Unregelmäßigkeit erklärt sich aus den kleinen Dimensionen des Versuches, welche einen gleichmäßigen Ausfall beim Glühen des Tiegels nicht zulassen.

Zu **Versuch 51** (Kalkbrennen). Man nehme Wandtafelkreide oder käufliches gefälltes Kalziumkarbonat. Gewöhnlicher Kalkstein läßt sich bei der hier erreichbaren Temperatur nicht gut zerlegen. Die Flamme muß so stark sein, wie es das Glas verträgt, ohne zu schmelzen. Zweckmäßig ist ein einflammiger Teclubrenner.

Um zu verhindern, daß die Korkeinlage der Klammer, welche das Glasrohr hält, anbrennt, lege man letzteres schräg.

Zu **Versuch 88c** (Ferrocyankalium). Sollte der aus Ferrosulfat und Cyankalium entstehende Niederschlag sich im Überschuß des Cyankaliums nicht lösen, so erwärme man die Mischung.

Zu **Chrom** und den folgenden Metallen. Chrom wurde versehentlich mit 4 statt mit 5 numeriert, wodurch sich auch die folgenden Zahlen verschoben. Dieselben sind gemäß dem Inhaltsverzeichnis zu korrigieren.

Sachregister.

Die Zahlen beziehen sich auf die Seiten.